¿POR QUÉ LA NIEVE ES BLANCA?

La ciencia para todos

VOCES / ENSAYO

COLECCIÓN VOCES / ENSAYO 60

Si deseas realizar cualquier consulta o sugerencia,
o conocer la respuesta de nuevas preguntas,
te invitamos a escribir al autor a

javierfpanadero@yahoo.com

twitter.com/#!/javierfpanadero

o consultar su blog

lacienciaparatodos.wordpress.com/

No se permite la reproducción total o parcial de este libro, ni su incorporación a un sistema informático, ni su transmisión en cualquier forma o cualquier medio, sea este electrónico, mecánico, por fotocopia, por grabación u otros métodos, sin el permiso previo y por escrito de los titulares del *copyright*.

Nuestro fondo editorial en www.paginasdeespuma.com

Javier Fernández Panadero, *¿Por qué la nieve es blanca?*
Primera edición: agosto de 2005
Séptima edición: enero de 2022

ISBN: 978-84-95642-64-6
Depósito legal: M-8902-2011

© Javier Fernández Panadero, 2005
© De la ilustración de cubierta: Santiago Verdugo, 2005
© De esta portada, maqueta y edición: Editorial Páginas de Espuma, S. L., 2011

Editorial Páginas de Espuma
Madera 3, 1.º izq.
28004 Madrid

Teléfono: 91 522 72 51
Correo electrónico: info@paginasdeespuma.com

Impresión: Cofás
Impreso en España - Printed in Spain

JAVIER FERNÁNDEZ PANADERO

¿POR QUÉ LA NIEVE ES BLANCA?

La ciencia para todos

PÁGINAS DE ESPUMA

ÍNDICE

Nota preliminar 17

1. ¿Por qué la nieve es blanca? 21
2. ¿Por qué no se debe sacar un puñal clavado? 22
3. ¿Por qué el pegamento no se pega
   cuando el bote está cerrado? 23
4. ¿Para qué vale el martillo del pez martillo? 23
5. ¿Por qué no se gasta el agua? 24
6. ¿Qué es el teorema del «medio pollo»? 26
7. ¿Aviones en la Luna? 27
8. ¿Por qué se riza el pelo con la humedad? 28
9. ¿Por qué ahorran las lámparas
   de alto rendimiento? 29
10. ¿Para qué vale la reproducción sexual? 29
11. ¿Por qué titilan las estrellas? 30
12 ¿Están bien los mapas? 31
13. ¿Qué es la navaja de Ockham? 32
14. ¿Cómo mantenemos el equilibrio? 34
15. ¿Por qué aumenta la presión bajo el agua? 35
16. ¿Qué es un kilovatiohora? 36
17. ¿Qué es un nicho ecológico? 36
18. ¿Qué es la escala de dureza de Mohs? 38
19. ¿Qué es el corte de digestión? 39
20. ¿Qué es un eclipse solar? 40

21. ¿Tienen memoria las monedas? 41
22. ¿Qué son las G's? 42
23. ¿Para qué sirven los mocos? 43
24. ¿Cómo funciona una prensa hidráulica? 44
25. ¿Qué son las enzimas? 45
26. ¿Qué son los huracanes? 47
27. ¿Qué es la probabilidad condicionada? 47
28. ¿Podemos adelgazar viajando a la Luna? 50
29. De noche, ¿todos los gatos son pardos...? 51
30. ¿Qué es la tarifa nocturna? 51
31. ¿Cuál es el origen del petróleo? 53
32. ¿Cómo funcionan los pozos y manantiales? 53
33. ¿Qué es la campana de Gauss? 54
34. ¿Por qué se oscurece la plata? 55
35. ¿Cuánto tardamos en morirnos? 56
36. ¿Qué es un diferencial? 58
37. ¿Qué hace el escarabajo pelotero con esa bola de...? 59
38. ¿Qué son los husos horarios? 60
39. ¿Qué son los percentiles? 61
40. ¿Qué es la paradoja de los gemelos? 62
41. ¿Qué es el ATP? 63
42. ¿Cómo funciona la fibra óptica? 64
43. ¿Les vuelve a crecer el rabo a las lagartijas? 65
44. ¿Qué son la solana y la umbría? 66
45. ¿Qué son los decibelios? 67
46. ¿Qué es la tabla periódica? 69
47. ¿Por qué hay piedras en el riñón? 70
48. ¿Qué es el velcro? 71
49. ¿Qué es la selección natural? 72
50. ¿Por qué las chispas de las bengalas no queman? 73
51. ¿Qué es una traqueotomía? 74
52. ¿Qué son los *tsunamis*? 75
53. ¿Son justas las votaciones? 76

54. ¿Cómo viven las estrellas? 79
55. ¿Somos un poco «cerdos»? 80
56. ¿Cuánto dura la información
    en los medios de registro? 81
57. ¿Qué es el grado de alcoholemia? 82
58. ¿La «rara» definición del trabajo en la Física? 83
59. ¿Cómo respiran los peces? 85
60. ¿Son las órbitas circulares? 86
61. ¿Cómo medir la edad de un árbol? 87
62. ¿Qué es la presión atmosférica? 88
63. ¿Cómo se usan los números primos
    en criptografía? 89
64. ¿Qué es el Fuego de San Telmo? 91
65. ¿Cómo se produce la intoxicación
    por monóxido de carbono? 92
66. ¿Qué son los tejidos sintéticos? 93
67. ¿Por qué las pompas y burbujas son redondas? 94
68. ¿Qué son los propioceptores? 95
69. ¿Qué es la herencia asociada al sexo? 96
70. ¿Qué son las auroras boreales? 97
71. ¿Qué es el NIF? 98
72. ¿Cómo cogen «efecto» los balones? 99
73. ¿Qué es la placenta? 100
74. ¿Qué es el caucho? 101
75. ¿Qué es una especie invasora? 102
76. ¿Aterrizar en Saturno? 103
77. ¿De qué color son las cosas? 104
78. ¿Qué son las fases de la Luna? 105
79. ¿Puede el agua «cocer» de repente? 105
80. ¿Qué es la maniobra de Heimlich? 107
81. ¿Qué es la nanotecnología? 108
82. ¿Por qué los animales se lamen las heridas? 109
83. ¿Qué son las fallas y los plegamientos? 110
84. ¿Qué es una medida indirecta? 111
85. ¿Qué son los puntos de presión arterial? 112

86. ¿Qué es el látex?.. 113
87. ¿Usan herramientas los animales? 114
88. ¿Qué son las aguas subterráneas? 115
89. ¿Qué significa $E = mc^2$? 116
90. ¿Qué es el síndrome de Down?............................ 118
91. ¿Qué es un escáner médico? 119
92. ¿Qué es el pH?... 120
93. ¿Cómo se hace el masaje cardiaco? 122
94. ¿Qué es la bioluminiscencia?................................ 123
95. ¿Qué es el nivel freático? 124
96. ¿Qué pasa si partimos un imán?......................... 125
97. ¿Otro «calor humano»?... 126
98. ¿Cómo funcionan los adhesivos
    de dos componentes?.. 127
99. ¿Qué es un fósil?... 128
100. ¿Qué son las estalactitas y las estalagmitas?.... 129
101. ¿Qué es la Vía Láctea?.. 130
102. ¿Qué es la fontanela? 131
103. ¿Qué haces ante un escape de gas?................... 132
104. ¿Existe la posesión demoniaca
    en los caracoles?... 133
105. ¿Qué son la latitud y la longitud? 134
106. ¿Cómo aceleran su giro los patinadores?......... 135
107. ¿Cómo son las prótesis hidráulicas de pene?... 137
108. ¿Por qué se rompen los vasos en mil pedazos?.. 137
109. ¿Qué es ser elástico o plástico?........................... 138
110. ¿Qué son las feromonas?..................................... 139
111. ¿Por qué se corta la mayonesa?.......................... 140
112. ¿Qué es el efecto placebo? 141
113. ¿Para qué sirve la bolsa de los canguros?......... 142
114. ¿Qué es el gato de Schrödinger?......................... 143
115. ¿Qué pasa si nos rompemos la columna?......... 145
116. ¿Por qué hay fósiles marinos
    en el Himalaya? 146
117. ¿Qué son los trajes anti-G?.................................. 147

118. ¿Qué son los primeros auxilios? 148
119. ¿Cómo funcionan las pantallas
    de cristal líquido? 149
120. ¿Estamos enfadando a las bacterias? 150
121. ¿Qué son las térmicas? 150
122. ¿Hay energía en el vacío? 151
123. ¿Qué es «romper aguas»? 152
124. ¿Mejor o Peor? 153
125. ¿Lo normal? Diferencias y parecidos 154
126. ¿Cómo es el interior de la Tierra? 155
127. ¿Qué es la constante de Planck? 156
128. ¿Cómo hacer la respiración artificial? 157
129. ¿Qué es el suelo radiante? 159
130. ¿Qué es la penicilina? 160
131. ¿Qué es una constelación? 160
132. ¿Qué es un hecho científico? 161
133. ¿Por qué nos quema el sol en la nieve? 162
134. ¿Por qué las antenas parabólicas
    son parabólicas? 163
135. ¿Qué hacen los osos en invierno? 164
136. ¿Qué son los terremotos? 165
137. ¿Por qué algunos líquidos suben solos? 166
138. ¿Qué es el tiempo de reacción? 167
139. ¿Qué es una resonancia magnética? 169
140. ¿Qué son los genes dominantes
    y los genes recesivos? 170
141. ¿Qué es la quiralidad? 171
142. ¿Qué es la alergia? 172
143. ¿Por qué el mar está salado? 174
144. ¿Qué es la materia oscura? 175
145. ¿Qué son las lentes intraoculares? 175
146. ¿Qué es el láser? 176
147. ¿Por qué llevan tacos las botas de fútbol? 179
148. ¿Qué es una hernia? 179
149. ¿Por qué jadean los perros? 180

150. ¿Qué es «arriba» y qué «abajo»?............................ 181
151. ¿Se mueve la luz en línea recta? 182
152. ¿Qué es la diabetes? 183
153. ¿Qué es la endoscopia? 185
154. ¿Quién les ha dado chicle a las vacas?............... 186
155. ¿Cuál es el origen de la Luna?............................ 187
156. ¿Qué es la corrosión?... 188
157. ¿Por qué roncamos?... 189
158. ¿Qué son las redes neuronales artificiales?....... 190
159. ¿Para qué vale la joroba del camello? 191
160. ¿Qué es una supernova?...................................... 192
161. ¿Cómo funciona un pararrayos? 193
162. ¿Qué es la curvatura del espacio? 194
163. ¿El mejor hilo del mundo? La tela de araña...... 195
164. ¿Las plantas se mueven? 196
165. ¿Qué es la catalepsia? 197
166. ¿Qué es el método científico? 198
167. ¿Qué son los extremófilos?.................................. 199
168. ¿Qué es la escala de Richter? 200
169. ¿Qué es el hormigón armado?............................ 201
170. ¿Qué son las series radiactivas?......................... 202
171. ¿Cómo se taponan los oídos?.............................. 203
172. ¿Cómo son las múltiples inteligencias
 y la inteligencia emocional? 204
173. ¿Qué es un semiconductor?................................. 205
174. ¿Qué es un electroencefalograma? 207
175. ¿Qué son los alimentos ultracongelados?........... 208
176. ¿Somos secuenciales o paralelos? 208
177. ¿Está vacío el vacío?... 209
178. ¿Cómo se mueven las estrellas en el cielo?........ 210
179. ¿Qué son los quilates? 211
180. ¿Qué es el colesterol?... 211
181. ¿Cómo funcionan las cocinas de inducción?...... 212
182. ¿Hay animales limpiadores?................................ 213
183. ¿Se mueven los continentes? 214

184. ¿Se puede ser duro y frágil a la vez?.................. 215
185. ¿Cómo se consigue una erección? 216
186. ¿Qué es un electrocardiograma?......................... 217
187. ¿Por qué no sirven los antibióticos
     contra la gripe? 218
188. ¿Qué es un iceberg?... 218
189. ¿Qué es la fuerza centrífuga? 219
190. ¿Qué es el punto ciego? 220
191. ¿Qué es una cortina de aire? 220
192. ¿Qué son los ácaros?.. 221
193. ¿Qué es el campo magnético de la Tierra?......... 222
194. ¿Hay puntos absolutos de referencia?................. 223
195. ¿Es lo mismo impotente y estéril?....................... 224
196. La magia del tornillo... 225
197. ¿Qué son los fuegos fatuos? 227
198. ¿Qué son los eclipses lunares?............................ 227
199. ¿Qué son los indicadores del pH? 228
200. La imprenta. ¿La gran revolución? 229
201. ¿Se puede morir de sed en el mar?..................... 231
202. ¿Por qué hay una cara oculta de la Luna?......... 232

Índice temático 235
Índice analítico 243

A mi hermana Mari, luz de bondad y sabiduría para el mundo.
Por el pasado que nos une y el futuro que nos espera.

A todos aquellos que alguna vez me enseñaron.

A todos aquellos que alguna vez aprendieron algo a través de mí.

Al Bien, tras el velo.

NOTA PRELIMINAR

¿Cuántas veces hemos oído una explicación de un científico y nos hemos quedado «enredados» en siglas, números, fórmulas...? Es curioso que creamos más inteligentes a aquellos a los que menos se les entiende. Pero, ¿no lo supimos entender o no nos lo supieron explicar? Por otra parte, ¿es imposible que alguien que maneja esa información tan compleja me explique algo que yo pueda entender, algo *comprensible* pero que también sea *exacto*?

Con esta idea se escribió *¿Por qué el cielo es azul?*, y gracias a los miles de lectores que se sintieron tentados por la curiosidad, con este mismo principio, os presentamos *¿Por qué la nieve es blanca?*

Seguimos en nuestra búsqueda de ese punto medio que debe haber entre el «atracón de matemáticas» y el «cuento de hadas». Dejamos a tu juicio decidir si lo hemos vuelto a conseguir. Animamos al lector que esté más avanzado en los diferentes temas a que busque los guiños y las referencias a conocimientos más profundos.

Para el nuevo lector: no te preocupes, este libro puede leerse independientemente de *¿Por qué el cielo es azul?*... aunque si te gusta, te animamos a que busques en aquel otras 202 preguntas que te sorprenderán.

Para el que ya leyó *¿Por qué el cielo es azul?:* ¡Bienvenido de nuevo! Tuya es la culpa de lo que tienes entre las manos. En este segundo libro encontrarás cosas que te sorprenderán, las explicaciones de aquello que nunca entendiste, algunos experimentos sencillos y quizá un poco más de humor. Espero que lo disfrutes.

¿Cómo leer este libro?

De ti depende, claro, pero aquí van unas recomendaciones. Debido a que las preguntas son *unidades independientes,* hay diferentes formas de leerlo; puedes elegir una o combinarlas:

1. De un tirón. Al gusto tradicional, de la primera a la última hoja. Para que este tipo de lectura no se haga monótona, las preguntas no están ordenadas por temas. Puedes pasar de una pregunta sobre biología a otra sobre el cuerpo humano, a otra sobre tecnología, etc.

2. Consulta de términos. Conversando con amigos, oyendo la televisión, aparece un término que no queda claro. Puedes buscarlo en el índice analítico y ahí verás varias preguntas donde aparece. Si en alguna pregunta se trata especialmente esa cuestión, la referencia aparecerá en negrita.

3. Hojeándolo. Es un libro ideal para hojear, o para leer «a ratos». En el tren, autobús... En la playa... En el baño... Antes de dormir...

4. Saltando de una pregunta a otra. Al final de cada pregunta se indica otra que guarda alguna relación. Empieza en cualquier parte y déjate llevar por las referencias que más curiosidad te despierten. Se puede leer también, de este modo, el libro entero.

Y... ya puedes empezar. Espero que te diviertas y que tus preguntas sean contestadas.

Agradecimientos

Este libro está dedicado a todos los que alguna vez me enseñaron algo. Aquí se cuentan las cosas tal y como llegaron a mí, después de escucharlas, leerlas, pensarlas y elaborarlas. Algunas veces cuando me enseñaron algo en particular, me pareció tan brillante la manera de decirlo o tan esclarecedor el ejemplo, que yo mismo los he usado tal cual en mi trabajo y mi vida. De hecho, cuando lo explico yo, recuerdo aquel día y a aquella persona.

Quizá algunos se reconozcan en historias que me contaron, explicaciones, ejemplos, detalles... Sirva esto también como un reconocimiento a todos ellos.

Esas personas son recordadas y están vivas dentro de los que aprendimos de ellas, y son innumerables los regalos que me dieron al compartir conmigo sus ideas y conocimientos.

También me gustaría dedicarlo a todos aquellos que hayan aprendido algo a través mío: mis alumnos, mis lectores y aquellos que hayan cruzado su camino conmigo.

***

Muchas son las personas que ayudaron a su producción, entre otros: mi hermana Mari, sin la que no soy yo mismo; Juan y Encarni, que siempre respaldaron el proyecto; los que me quieren y me sostienen; Mª Cruz por su apoyo y consejo sobre el original... A todos ellos, gracias.

Quizá sean millares los que compartieron todo este conocimiento conmigo, mis padres, mis hermanos, familiares, profesores, alumnos, amigos, compañeros, los autores de los libros que leí, las páginas web que consulté... También vaya mi agradecimiento para ellos.

Y... Gracias al Bien, tras el velo.

1. ¿Por qué la nieve es blanca?

Parece una pregunta extraña, aunque también lo parecía «¿Por qué el cielo es azul?».

Sabemos que la nieve es agua congelada, igual que lo es el hielo. ¿Qué hace que uno sea transparente y la otra blanca?

La nieve está formada por cristales de hielo en ocasiones, con bellas formas de simetría hexagonal.

La cuestión es que entre esos cristales hay aire. Esas zonas con aire difunden la luz, aunque su tamaño es suficientemente grande para que no se aprecie selección cromática. Por eso la luz difundida se ve blanca.

Es un efecto parecido al que provocan las minúsculas gotas de agua en las nubes, que hace que se vean también blancas.

Así que la luz blanca que vemos proviene de la dispersión que produce el aire entre los cristales de la nieve.

Y, ¿qué pasa con los osos polares?... Pues asómbrense, su pelo tampoco es blanco.

Su pelo es transparente, pero hueco. En su interior hay aire que difunde la luz como lo hace la nieve, y así se mimetizan.

¿Qué hacen los osos en invierno?, [135]

2. ¿Por qué no se debe sacar un puñal clavado?

Cuando respiramos aumentamos o disminuimos el tamaño de nuestra caja torácica.

Hay unos músculos que se encargan de esta tarea.

Los músculos intercostales (entre las costillas) y el diafragma. Busquen este último justo entre el estómago y el final del esternón (hueso en el centro del pecho). Seguro que pueden hacerlo resaltar... Prueben, prueben.

Cuando aumentamos el volumen, la presión interior desciende y entra aire del exterior para compensarla.

Cuando disminuimos el volumen, la presión interior aumenta y sale aire del interior para compensarla.

Podemos hacernos conscientes de este proceso, pararlo a voluntad (un ratín) o alterar su frecuencia. En oriente son muy populares los ejercicios respiratorios, a veces relacionados con la vida espiritual.

Los delfines, que respiran aire como nosotros, lo hacen siempre conscientemente; en otro caso se ahogarían. Esto les lleva a... ¡no poder dormir nunca! En realidad dejan «durmiendo» una mitad del cerebro mientras la otra trabaja, ¡qué cosas!

Volvamos a las personas, ¿qué ocurre cuando una herida (de arma blanca, por ejemplo) perfora nuestro pecho y llega a los pulmones?

El aire encuentra otro camino para compensar las presiones interior y exterior y... nos asfixiamos en pocos minutos, porque no podemos hacer llegar oxígeno a nuestra sangre o desembarazarnos del dióxido de carbono.

Por esto no debe retirarse el objeto que se haya clavado (esto suena cruel, pero es crucial) y, si se aprecia burbujeo en la sangre que sale de la herida, se puede estar produciendo el colapso de un pulmón, se encoge por el aire que está entrando y pierde la funcionalidad.

¿Cuánto tardamos en morirnos?, [35]

3. ¿Por qué el pegamento no se pega cuando el bote está cerrado?

Algunos adhesivos están compuestos por una sustancia activa y un disolvente.

Cuando el disolvente se evapora la sustancia activa solidifica y se adhiere a las piezas que se querían unir.

Si el recipiente está cerrado el disolvente comienza a evaporarse, pero la concentración cada vez mayor en el espacio dentro del recipiente hace que la evaporación del disolvente no continúe. Es un efecto parecido al que conseguimos cuando dejamos cerradas las botellas de bebidas con burbujas para que no se vaya el gas.

De esta forma no se trata tanto de que el aire no entre en contacto con estos pegamentos como de que se dejen bien cerrados los botes. En el caso de los cianocrilatos es la humedad ambiente la que produce la reacción, por eso también deben cerrarse.

¿Qué es el velcro?, [48]

4. ¿Para qué vale el martillo del pez martillo?

Los animales tienen «sensores» como nosotros: ojos, olfato, etc., pero estos son unas veces más sensibles que los nuestros y otras menos. Otras veces, simplemente están sintonizando «emisoras» diferentes (insectos que ven el ultravioleta donde nosotros no vemos). Pero también hay animales que poseen sensores de los que nosotros carecemos.

Un buen ejemplo son los tiburones. Al parecer son capaces de notar los campos magnéticos que se producen alrededor de los seres vivos debido a su actividad eléctrica (nervios, etc.).

Los tiburones tienen unos pequeños orificios cerca del morro por los que detectan estos pequeñísimos campos magnéticos.

En el caso del pez martillo (un tipo de tiburón), tenemos una gran superficie dedicada a todos estos sensores. Es como un detector de metales.

Nada muy próximo al fondo rastreándolo y, de vez en cuando, detecta algo enterrado en la arena, lo «incordia» un poco, y pronto sale algún pez que estaba allí camuflado y al que ahora le quedan pocas oportunidades.

¿Se puede morir de sed en el mar?, [201]

5. ¿Por qué no se gasta el agua?

La bebemos, la usamos y la tiramos..., pero volvemos a los pozos, a los ríos, a los manantiales y encontramos otra vez agua potable.

Sin duda tiene que haber un «mecanismo» en la Tierra que purifique de nuevo el agua. Si no, en pocos años estaríamos rodeados de «agua de fregar» y «pises»...

¿Qué origen tiene el agua limpia que nos llega?

La lluvia.

O la nieve... lluvia congelada.

O el deshielo en las cumbres... de la nieve... lluvia congelada.

O los manantiales que surgen del suelo, las aguas subterráneas... lluvia filtrada al suelo.

Así que el agua limpia cae del cielo, pero ¿cómo llega allí?

Sabemos que si calentamos agua y llegamos a 100º C el agua líquida comienza a convertirse en vapor, en gas.

De lo que a veces no somos tan conscientes es de que también hay evaporación por debajo de la temperatura de ebullición. No te extrañes... lo ves a diario cuando se seca la ropa tendida, o tu mismo sudor.

Hay un problema: si el agua que tenemos aquí abajo está sucia y cuando llueve está limpia, ¿en qué momento se «purifica»?

Sin duda es en la evaporación. Las moléculas de agua que pasan a estado de gas lo hacen sin arrastrar consigo las partículas de suciedad, la sal (en el caso de los mares y océanos), etc.

Para entenderlo miremos a menor escala. Algunos de los contaminantes están simplemente «al lado del agua», son partículas de polvo o suciedad que pueden incluso eliminarse por un sencillo filtrado.

Miremos a menor escala aún. Algunas sustancias se han enlazado con las moléculas de agua, pero allí siguen el hidrógeno y el oxígeno. Lo único que tenemos que hacer es romper esos enlaces o superar esas fuerzas, y una forma muy sencilla es pasar el agua a estado gaseoso. Las moléculas se agitan y se liberan como un perro que se sacude para secarse.

Hagamos un experimento. Toma un vaso de agua caliente y disuelve toda la sal que sea posible (hasta que quede en el fondo por más que remuevas). Cambia el líquido de vaso y deja que el agua se vaya evaporando. En poco tiempo empezará a aparecer de nuevo sal en el fondo, y si dejas que toda el agua se evapore, encontrarás el fondo lleno de sal. Este es el procedimiento que se sigue para separar el agua y la sal en las salinas.

Este «evaporarse y llover» es lo que constituye el ciclo del agua: el agua circula por los ríos, las corrientes subterráneas, y a esto se añaden desechos orgánicos y otras sustancias; llega todo junto a los mares y océanos. El agua se evapora por todas partes, principalmente de mares y océanos. Esta misma agua cae en forma de precipitaciones (lluvia, nieve, etc.) y engrosa los caudales de ríos y aguas subterráneas.

Un problema que se puede encontrar en el ciclo son los puntos de «fuga».

La cantidad de agua en la Tierra no varía significativamente en escalas geológicas.

Los seres vivos mantenemos agua en nuestros organismos (en el caso de un adulto, en torno a un 70% de su peso), pero también visitamos el baño. Intercambiamos el agua, no la destruimos.

Otro problema es que el ciclo se desequilibre, que se genere más agua sucia de la que se puede purificar, o que se gaste el agua potable demasiado aprisa.

Este es el problema de nuestro mundo actual: agotamos manantiales, pozos, contaminamos ríos y mares. En cualquier caso lo que generamos es una escasez de agua potable, no de agua.

¿Qué es un iceberg?, [188]

6. ¿Qué es el teorema del «medio pollo»?

Esta es una conocida broma matemática.
Estamos tú y yo.
Yo me como un pollo y tú no.
Si calculamos la media, un pollo para dos personas..., nos hemos comido medio pollo cada uno.

El chiste ilustra no los fallos de la estadística, sino que esta debe aplicarse con precisión, lo cual no ocurre con frecuencia.

Vayamos a la cuestión.

¿Significa esto que la media de varios valores no «funciona»? ¡Llevamos toda la vida usándola!

Tranquilos, que sí que vale. Lo que pasa es que no es suficiente.

Dado un conjunto de valores es, sin duda, importante saber la media de ellos, pero también sería interesante saber lo agrupados o separados que están esos valores.

Otro ejemplo: formamos un grupo con cinco jugadores de baloncesto y cinco personas con enanismo. Cinco personas de dos metros y cinco personas de un metro. La media sería un metro y medio.

Está claro que decir que tenemos un conjunto de diez personas cuya altura media es un metro y medio oculta la verdadera naturaleza del grupo.

Nada que ver con un grupo de diez personas que midieran exactamente un metro y medio cada uno.

Una de las formas de expresar lo agrupados que están los datos es mediante una cantidad que se llama la «desviación típica».

Para no entrar en mayores consideraciones matemáticas diremos que si la media de un conjunto de valores es 7 y la desviación típica es 3, más o menos un 66% de los valores está entre 4 y 10 (media - desviación y media + desviación).

Es fácil ver que el valor de la desviación típica distinguiría claramente nuestros dos grupos de personas de «altura media» = 1,5 metros.

¿Qué es el método científico?, [166]

7. ¿Aviones en la Luna?

¿Es posible usar aviones en la Luna? La verdad es que no, podremos usar otros ingenios voladores, pero aviones no.

Los aviones vuelan gracias a sus alas. Las alas del avión al atravesar el aire producen unos flujos de aire que generan una fuerza hacia arriba, sustentación, que sostiene al avión.

En la Luna no hay aire... en la Luna no habrá sustentación... en la Luna no habrá aviones.

Un fenómeno parecido ocurre cuando en la Tierra se intenta volar demasiado alto con un avión. A mucha altura, la atmósfera se hace menos densa, se rarifica. El efecto sustentador no es suficiente para mantener el peso del avión y este cae.

¿Qué son las G's?, [22]

8. ¿Por qué se riza el pelo con la humedad?

En el pelo hay proteínas, y estas están formadas por aminoácidos. Los aminoácidos serían como los eslabones de la cadena que es la proteína. Esta cadena puede establecer uniones estables entre distintos eslabones formando estructuras tridimensionales.

Los aminoácidos contienen átomos de azufre.

Los átomos de azufre pueden formar puentes entre distintos aminoácidos, que se llaman puentes disulfuro.

Al unirse unos aminoácidos con otros, las cadenas de proteínas se retuercen aún más y producen el rizado del pelo.

El hecho de que esto ocurra más fácilmente cuando hay humedad es porque las moléculas de agua también generan puentes, llamados puentes de hidrógeno, que facilitan la formación de los puentes disulfuro.

Ahora vemos claramente por qué calentamos el pelo para alisarlo; lo deshidratamos y liberamos los puentes de hidrógeno.

¿Qué son las enzimas?, [25]

9. ¿Por qué ahorran las lámparas de alto rendimiento?

¿Cómo puede ser que una lámpara dé la misma luz consumiendo menos energía? ¿Nos están dando «gato por liebre»?

Tomemos una bombilla incandescente normal. Acércate con mucho cuidado y verás que está muy caliente. No la toques, porque te quemarás... incluso si ha sido apagada hace poco tiempo.

Lo que pensábamos que era un aparato que convertía la electricidad en luz, es en realidad un aparato que transforma la electricidad en luz y en calor.

Este calor no es algo que deseemos, pero sí que pagamos.

La manera de mejorar el rendimiento consiste en que un mayor porcentaje de energía eléctrica se convierta en luz y menos en calor.

Por su funcionamiento interno podríamos considerarlos pequeños fluorescentes, y constituyen un considerable ahorro.

A pesar de que cuesten más caras que las usuales, su vida útil ronda las diez mil horas de funcionamiento (unas diez veces más que una bombilla convencional) y por su consumo de electricidad (unas cuatro o cinco veces menor) son una inversión de lo más ventajosa.

La tarifa nocturna, [30]

10. ¿Para qué vale la reproducción sexual?

No se agolpen... yo también podría dar esas razones que estáis pensando. Pero la pregunta es, ¿por qué es más favorable evolutivamente reproducirse sexualmente?

Cuando nos reproducimos pasamos nuestros genes a la siguiente generación.

Si la reproducción es asexual (bipartición, por ejemplo), los descendientes son idénticos a los progenitores. De esta forma tendríamos una población que, salvo las mutaciones, sería una repetición del mismo individuo. Con las mutaciones habría algo más de variabilidad, pero no demasiada.

Si la reproducción es sexual, los genes de los progenitores se combinan, dando lugar a unos descendientes que no son idénticos a los progenitores y tampoco idénticos entre sí. Así conseguimos que cada individuo sea diferente, y la variabilidad dentro de la especie aumenta.

¿De qué nos sirve?

No olvidemos que no estamos solos, estamos en un entorno en concreto, rodeados por otras especies y en una cierta competencia o por lo menos reparto de recursos. Si nuestra especie presenta un mayor abanico de tipos de individuo es más fácil que alguno de ellos sea apto para ese entorno en particular y nuestra especie se perpetúe.

Por esto la reproducción sexual y la recombinación de genes que significa se ha «popularizado» tanto entre los seres vivos, ya que se trata de una estrategia evolutiva favorable... y entretenida.

¿Qué es la selección natural?, [49]

11. ¿Por qué titilan las estrellas?

Las estrellas vistas desde el espacio no titilan; así que si desde la superficie de la Tierra titilan, debemos echarle la culpa a la atmósfera, como siempre.

Las estrellas deberían verse como puntos de luz sin otra forma, dada su lejanía, pero por efectos ópticos asociados al ojo o a los instrumentos de observación, en realidad lo que vemos son «pequeñas manchas de luz».

Por otra parte, la atmósfera no permanece en reposo, ni la composición o densidad de sus distintas capas es igual ni constante. De esta forma, al atravesar la atmósfera, la luz resulta desviada y la posición de la estrella varía muy ligeramente, y se aprecia como un «parpadeo» que es el efecto que llamamos titilar.

En cambio los planetas no titilan. Esa es precisamente una de las maneras para distinguirlos en el cielo.

Los planetas están muchísimo más cerca que las estrellas y la imagen que se forma en nuestra retina es un pequeño círculo.

De esta forma, si algún rayo resulta desviado por la atmósfera, el resto de rayos sigue formando la imagen del pequeño círculo que vemos y no apreciaremos movimiento.

¿Qué son las auroras boreales?, [70]

12. ¿Están bien los mapas?

No... están mal.

Pero es que no está mal uno... están mal todos.

La Tierra es aproximadamente esférica (sí, ya sé, achatada por los polos...).

Si intentamos hacer una representación plana de una superficie esférica... estamos condenados al fracaso. La esfera es una superficie no-desarrollable.

Así, podemos intentar conservar alguna característica, pero tendremos que sacrificar otras.

Por ejemplo, los círculos polares en la mayoría de las representaciones están extendidos por toda la parte superior y la inferior del mapa, cuando no son tan extensos. En estas partes las distancias están deformadas.

La más utilizada y conocida es la de Mercator, en la que meridianos y paralelos forman una cuadrícula, los meridianos equiespaciados, los paralelos más juntos según nos acercamos a los polos. Porque el desarrollo se hace partiendo del ecuador, donde el mapa es más exacto.

En esta representación se respetan las formas, pero pagamos el precio de no representar fielmente las áreas. Si observamos un mapamundi tradicional podríamos pensar que África es mucho más pequeña de lo que en realidad es.

En cambio en la proyección de Peters, en la que se presta más atención a la conservación de las áreas, recibimos una lección de humildad como habitantes de un pequeño hemisferio norte. El precio que se paga es la distorsión en la forma de los continentes.

Hay otros tipos de proyecciones. Queda a elección del usuario el tipo de proyección que le será más útil según quiera navegar, distribuir tierras, etc.

En cualquier caso, empezar la proyección cerca del lugar que nos interesa y reducir la zona representada minimizan los errores.

Pero no se empeñen... la mejor representación de una esfera es... una esfera.

¿Qué son los husos horarios?, [38]

13. ¿Qué es la navaja de Ockham?

Padres y madres de todo el mundo han oído explicaciones como esta: «... fue un enanito que vino y lo tiró todo... de veras...» y, para bien o mal de sus hijos, no las creyeron.

Sin saberlo, aplicaron el mismo principio que los científicos, y que se atribuye al filósofo Guillermo de Ockham: «La navaja de Ockham».

Es un principio de economía. Aquí no se trata de economizar dinero sino argumentaciones y elementos

(«En igualdad de condiciones la solución más sencilla es probablemente la correcta»).

Veamos la aplicación.

Ante un fenómeno podemos dar muchas explicaciones que son consistentes con los hechos conocidos (no los contradicen).

El enanito que viene...
Un elefante que entró...
Un tornado que se formó y disolvió...
... el único humano a la vista...

No tenemos hechos experimentales que hagan imposible alguna de las teorías anteriores.

La diferencia entre las tres primeras y la última es que la última no necesita de elementos nuevos o externos para explicar el fenómeno, de los que no tenemos noticia ni evidencia experimental. Es la teoría más «económica».

La historia de la ciencia demuestra que, aunque quizá la hace más lenta, este principio logra que los pasos sean más seguros.

Un ejemplo de la aplicación de este principio fue la eliminación del éter en las teorías científicas. Con el tiempo se convirtió en un elemento superfluo, que no facilitaba la explicación de más fenómenos, del que no había evidencia experimental y que resulta pues innecesario.

Hay que dejar claro que, si mañana un experimento pone de relevancia que hay algo parecido al éter, no habrá ningún problema en que vuelva a aparecer, siendo ahora necesario para explicar fenómenos y dejando de ser superfluo.

A la vista de esto un padre científico responsabilizará al muchacho... a pesar de que pueda haber algún enanito sonriendo en algún rincón, pero estaremos atentos en los próximos fenómenos para ver si lo «pillamos».

¿Por qué no se debe sacar un puñal clavado?, [2]

14. ¿Cómo mantenemos el equilibrio?

Tenemos un difícil cometido, mantenernos en pie.

Algunos de nosotros, especialmente dotados, podemos hacerlo sobre una sola pierna o incluso sobre la punta de una sola pierna...

No se sonrían... es extremadamente difícil conseguir que un robot haga lo mismo.

¿Habéis probado a hacerlo con los ojos cerrados? También sale.

Podemos decir, por tanto, que el equilibrio no reside en la vista, o no sólo en la vista.

Hay un órgano en la parte interna del oído que se llama laberinto.

Algunas de sus partes sirven al sentido del oído, pero aquí queremos ocuparnos de una muy concreta: el vestíbulo (dividido en utrículo y sáculo) y los tres canales semicirculares.

En el vestíbulo hay dos conjuntos de «pelillos» sensibles cubiertos por una masa gelatinosa que responde a la gravedad, de manera que de las señales que producen estas vellosidades obtenemos información sobre la posición de nuestra cabeza.

En la base de los canales semicirculares hay de nuevo una estructura similar, pero en este caso el estímulo se produce ante el giro. De aquí obtenemos información sobre nuestro estado de movimiento.

Parece ser que también existen sensores en las articulaciones que nos envían información que combinamos con toda la anterior para conocer nuestro estado de equilibrio.

A veces sobreviene el mareo cuando la información de todas estas fuentes resulta contradictoria. Hagamos un experimento.

Gira bastantes veces con los ojos abiertos y después detente y que alguien mire tus ojos; verás que no puede dejar de reírse. Ahora que gire él y tú miras. Los ojos realizan movimientos de vaivén laterales intentando buscar un punto fijo, los sensores de nuestro oído interno mandan señales extrañas... y a veces hasta nos caemos.

Es frecuente que algunas infecciones o enfermedades que afectan al oído interno (a veces una simple otitis), produzcan mareos al interferir con la información que se envía sobre nuestra posición y estado de movimiento.

¿Qué es el tiempo de reacción?, [138]

15. ¿Por qué aumenta la presión bajo el agua?

La presión que sentimos tiene que ver bastante con «las cosas» que tenemos encima.

Cuando estamos fuera del agua, la presión atmosférica es el peso del aire que tenemos sobre nuestra cabeza.

Cuando nos metemos dentro del agua, a esa presión hay que añadir el peso del agua que tenemos por encima.

Ese peso será mayor cuanto mayor sea la densidad del agua, mayor en agua de mar que en piscinas.

Como regla aproximada diremos que cada diez metros la presión aumenta una atmósfera.

Este aumento de presión provoca fenómenos como el taponamiento de los oídos, o tan serios como el cambio de la composición de gases de la sangre.

Cuando se bucea a cierta profundidad se debe ascender a poca velocidad para que el cuerpo vaya compensando la presión y no se formen burbujas de nitrógeno, lo que podría producir incluso la muerte. Una regla general es: no ascender más rápido que las burbujas que expulsas.

También hay cambios de presión cuando se viaja en avión. Y, desde luego, no es una buena idea mezclar ambas cosas... los buceadores deben dejar pasar ciertas horas antes de tomar un avión, dependiendo de la profundidad y duración de las inmersiones.

¿Para qué vale el martillo del pez martillo?, [4]

16. ¿Qué es un kilovatiohora?

Es una unidad de energía, como también lo son la caloría o el julio.

Se utiliza mucho porque es particularmente fácil de entender para los no muy versados en ciencia.

Un kilovatiohora es la energía que gasta un aparato de un kilovatio de potencia si lo tienes funcionando durante una hora.

Simplemente, multiplicando la potencia por el tiempo de funcionamiento, obtienes la energía consumida. Por ejemplo:

Un aparato de 3 kW en funcionamiento 2 horas = 6 kWh de gasto.

Una bombilla de 0,1 kW (100W) en funcionamiento 20 horas = 2 kWh.

Si consultáis vuestro recibo de la luz, veréis que uno de los apartados que pagáis es la energía consumida en kWh, que es lo que mide el contador y que cambia todos los meses según lo que hayas usado la electricidad.

Encarecidamente se pide que no se cometa el error, tan común, de escribir kW/h como si fueran km/h.... no es eso, es kWh porque es el resultado de multiplicar, no de dividir, los kilovatios por las horas.

¿Qué haces ante un escape de gas?, [103]

17. ¿Qué es un nicho ecológico?

Empecemos por decir qué es un ecosistema.

Un ecosistema comprende: un medio ambiente con sus condiciones, los seres que allí viven y las relaciones de los organismos entre sí y con el hábitat.

En un ecosistema las especies cumplen una serie de funciones y muestran unas ciertas características; se puede ser depredador o presa de determinada especie, te puedes encargar de descomponer los cadáveres de otros, etc.

A ese conjunto de funciones y características se le llama nicho ecológico.

Especialmente interesante es el caso en el que se hace desaparecer una especie de un ecosistema o se introduce otra que no se encontraba con anterioridad.

En el primer caso, el nicho queda vacío y es más que probable que alguna especie intente ocuparlo o que esas funciones se repartan entre otras.

En el segundo, la nueva especie puede ocupar un nicho ecológico que estaba «vacante» (ser depredador de otra especie a la que nadie atacaba), desplazar de su nicho a una especie aborigen, o quizá sea incapaz de subsistir ante la competencia de las especies locales.

Un conocido ejemplo de estas situaciones se ha dado con las migraciones de los humanos, a las que se han sumado los animales que trajimos con nosotros.

En Australia se introdujo el conejo y debido a la falta de depredadores naturales y a la abundancia de recursos se reprodujeron con tanto éxito que se han convertido en una verdadera plaga.

Cuando algo así ocurre, o cuando alguna especie es eliminada, el ecosistema evolucionará hacia otro punto de equilibrio que puede estar muy cerca del anterior (impacto casi nulo) o bastante «lejos». Esta lejanía puede llevar a enormes cambios en las poblaciones, como la desaparición de otra especie que resulte muy desfavorecida por la nueva situación, o incluso cambios en el hábitat (por ejemplo distintos tipos de árboles pueden cambiar la composición química del suelo –caso del eucalipto–, o la falta de árboles llevar a la pérdida de la capa superficial y a la desertización).

¿Para qué vale la joroba del camello?, [159]

18. ¿Qué es la escala de dureza de Mohs?

Ser duro significa ser difícil de rayar. Lo contrario es ser blando no frágil, como a veces se cree.
 De esta manera tenemos un criterio relativo para medir la dureza.
 Si el objeto A raya al B: A es más duro que B.
 Si el objeto B raya al A: B es más duro que A.
 Si los dos se rayan mutuamente: sus durezas son iguales.
 Ahora nos basta con dar unos valores patrón para poder relacionarlos con los objetos que tomemos.
 A este tipo de escalas se las llama semicuantitativas, y aunque no son demasiado precisas sí resultan muy útiles. Esta escala es ampliamente utilizada en el estudio de los minerales.
 Los patrones, del uno al diez, son los siguientes:

1. Talco
2. Yeso
3. Calcita
4. Fluorita
5. Apatita
6. Feldespato
7. Cuarzo
8. Topacio
9. Corindón
10. Diamante

De esta forma, si un objeto puede ser rayado por el cuarzo, pero no por el feldespato, tendremos un objeto de dureza seis y pico.

Valores de dureza de objetos cotidianos son: las uñas, entre dos y tres; monedas, entre tres y cuatro; clavos, entre cuatro y cinco; vidrio, entre seis y siete.

Esta no es una escala proporcional, el diamante no es diez veces más duro que el talco, pero nos ofrece una relación de orden: «qué es más duro».

Para saber «cuánto más duro», hay procedimientos más técnicos que miden profundidades de rayado, de marcas por golpeo, etc.

Como en tantos casos, no se trata de «mejor» sino de más adecuado, y para los aficionados a los minerales, por ejemplo, esta sencilla escala de dureza es probablemente suficiente.

¿Qué es un fósil?, [99]

19. ¿Qué es el corte de digestión?

El nombre técnico es hidrocución.

No está tan relacionado con la digestión como con un impacto térmico fuerte, entre la temperatura del cuerpo y la del agua.

Debe evitarse el baño (sobre todo con una zambullida rápida) si se ha estado tomando el sol mucho tiempo, durante la digestión, después de haber hecho un ejercicio físico intenso o, en cualquier caso, de forma brusca.

El mecanismo consiste en que el cuerpo reduce el latido cardiaco al producirse la bajada rápida de temperatura. Si la reducción es muy brusca llevará a una pérdida del conocimiento y a una parada cardiaca.

Así que cuidado sobre todo con los niños y en cualquier caso hágase el contacto con el agua de manera gradual, mojando por ejemplo lugares especialmente sensibles como la nuca o el estómago.

Si se produce, ya saben, busquen a alguien con conocimientos médicos o, si no es posible, practiquen la reanimación cardio-respiratoria.

¿Por qué aumenta la presión bajo el agua?, [15]

20. ¿Qué es un eclipse solar?

El Sol… la Tierra da vueltas alrededor del Sol… y la Luna da vueltas alrededor de la Tierra. Es como si la Luna bailara un vals, dando vueltas alrededor de la Tierra y las dos juntas rodeando al Sol.

El Sol ilumina la Tierra, pero con la Luna girando en torno a la Tierra, a veces ocurre que la Luna se sitúa entre el Sol y la Tierra. Esto hace que la Luna produzca una sombra sobre la Tierra (donde debería ser de día) y se haga momentáneamente «de noche». A esto se le llama eclipse.

Alrededor de la zona donde la Luna oculta totalmente al Sol (eclipse total) hay una zona donde sólo una parte del Sol se oculta (eclipse parcial), que queda en penumbra. El fenómeno completo dura unos minutos.

En la antigüedad se les consideraba mal augurio y anuncio de calamidades… Hoy creemos simplemente que es la consecuencia inevitable de la dinámica planetaria.

Como los movimientos de los cuerpos celestes son bien conocidos, los eclipses se predicen con mucha facilidad y antelación, por lo que se puede uno desplazar a la mejor zona de observación y disfrutar de un estupendo espectáculo. No hay que olvidar que para verlo es imprescindible usar algún instrumento óptico especial que nos asegure la protección de los ojos (no valen gafas de sol). En caso contrario lo normal es que después de unos minutos de observación... te quedes ciego.

¿Qué son las térmicas?, [121]

21. ¿Tienen memoria las monedas?

Tomemos una moneda con su cara y su cruz.

Al lanzarla la probabilidad de que salga cara es el 50% y de que salga cruz también el 50%, si la moneda no está trucada.

La lanzamos y sale cara. Volvemos a lanzarla... ¿Qué va a salir? ¿Cruz?

¿Siempre que lanzamos una moneda sale una vez cara y otra cruz? Prueba, pero me parece que no.

Y si la lanzamos y obtenemos tres caras seguidas, ¿es más fácil que la tirada siguiente salga cruz?

Si ocurrieran estas cosas... tendríamos que creer que la moneda tiene memoria, que lleva algún tipo de registro de lo que ha ocurrido en los anteriores lanzamientos.

Y si esto fuera así, cuando tomamos una moneda para lanzarla, ¿cómo saber cuál es su historia anterior?

Bien, no os preocupéis. Las monedas no tienen memoria, así que la probabilidad de que salga cara o cruz en cada lanzamiento es el 50% independientemente de lo que haya ocurrido en el pasado.

Pensemos ahora en otros sucesos.

Lanzamos una moneda diez veces y obtenemos 3 caras y 7 cruces.

Lanzamos una moneda cien veces y obtenemos 30 caras y 70 cruces.

Lanzamos una moneda mil veces y obtenemos 300 caras y 700 cruces.

El primer suceso no es algo que resulte sorprendente.

El segundo suceso ya resulta bastante raro y, desde luego, el tercer suceso es tan improbable que lo más fácil es que la moneda esté trucada.

Cuando el número de lanzamientos es elevado esperamos que la frecuencia con la que aparece «cara» se parezca bastante al 50%. Lo contrario nos parece «demasiada casualidad» (en términos matemáticos, «altamente improbable»).

A esto se le llama la Ley de los grandes números. La frecuencia de aparición de un suceso tiende a la probabilidad teórica cuando el número de repeticiones es elevado.

Así que consideremos estas dos afirmaciones, que no son contradictorias.

En cada experimento individual la probabilidad de cada suceso es independiente de su historia anterior.

En un conjunto de experimentos elevado, la frecuencia de aparición de cada suceso se parecerá bastante a la probabilidad teórica.

En nuestro ejemplo:

Cada vez que lances una moneda, la probabilidad de obtener cara es el 50%.

Si lanzas la moneda muchas veces el número total de caras se acercará bastante al 50%, y cuantas más veces lo repitas, más.

¿Qué es el teorema del «medio pollo»?, [6]

22. ¿Qué son las G's?

Seguro que viajando en algún vehículo habéis experimentado la sensación de ser empujado de un lado a otro, o bien hacia delante o hacia atrás al arrancar o frenar.

Esas fuerzas pueden ser muy intensas si las maniobras son muy bruscas, sea por el cambio de velocidad o de dirección. A esto se le llama aceleración.

También es cierto que de manera normal estamos sometidos a una aceleración (la gravedad). Nos sentimos «presionados» hacia abajo (el centro de la Tierra, aproximadamente).

A esa aceleración la llamamos G.

Diremos que hay 2G o 10G cuando la aceleración sea equivalente a dos o diez veces la gravedad, por ejemplo.

Este efecto es particularmente intenso en los aviones a reacción y en los cohetes espaciales en el momento del despegue, aunque también se sufre con intensidad en coches de fórmula uno e incluso en atracciones de feria.

En un avión a reacción, en un giro muy cerrado y rápido, pueden alcanzarse valores de 8G o superiores. En el despegue de un cohete espacial, unas 9G.

Si en el cambio de dirección la fuerza nos empuja «desde la cabeza» diremos que son G's positivas. Si «desde los pies», G's negativas.

La sensación puede ser muy desagradable e incluso producir desvanecimientos o derrames cerebrales, según el caso.

¿Qué son los trajes anti-G?, [117]

23. ¿Para qué sirven los mocos?

Aunque alguno alivie sus tensiones en los semáforos, esta no es la ventaja evolutiva que representan.

El aire que respiramos no está precisamente limpio, sobre todo en nuestras ciudades; tampoco está particularmente húmedo ni caliente.

El «camino» que hacemos recorrer al aire hasta los pulmones pretende subsanar estos problemas.

El aire se humedece y se calienta. La mucosidad y las vellosidades se encargan de recoger polvo y otras sustancias no deseables.

Demos gracias por los mocos… ya que todo eso no está en nuestros pulmones.

A la vista de esto, es de lo más deseable respirar lo más posible por la nariz.

¿Por qué los animales se lamen las heridas?, [82]

24. ¿Cómo funciona una prensa hidráulica?

Hay una ley física que se llama el Principio de Pascal, que dice: «La presión en un fluido se transmite con la misma intensidad en todas direcciones».

Imagina un recipiente lleno de agua.

Ponemos un émbolo de manera que se ajuste a la boca del recipiente.

Cargamos peso sobre el émbolo de manera que se ejerza presión sobre el agua.

En principio podríamos pensar que la presión se ejerce solamente hacia abajo, pero si abrimos un orificio en la pared lateral del recipiente, veremos que sale un chorro de agua con más o menos presión según la que estemos ejerciendo sobre el émbolo.

La presión es el cociente entre la fuerza y la superficie.

Si tienes dos jeringas de distinto tamaño y un tubo de goma, podemos hacer un divertido experimento.

Une las salidas de ambas jeringas mediante el tubo y llena completamente de agua todo el circuito.

Cuando presiones uno de los émbolos verás que el otro también se mueve.

Como la cantidad de agua que se desplaza es la misma (la que sale de una jeringa es la que entra en la otra), verás que los émbolos no se desplazan la misma longitud.

El émbolo de la jeringa más gruesa se moverá menos distancia.

Como en el tornillo y en tantas máquinas, un movimiento más corto suele indicar una mayor fuerza ejercida (por conservación de la energía).

Desde el punto de vista de la «transmisión de la presión», si tenemos la misma presión, pero más superficie... para que la división salga lo mismo tendremos que tener más fuerza. Digamos que si en un lado tenemos 10 de fuerza entre 5 de superficie (2 de presión), en el otro lado, si sabemos que hay 15 de superficie (3 veces más), esto nos llevará a tener 30 de fuerza para que la presión siga siendo la misma (30 entre 15 igual a 2).

Haz la prueba para comprobarlo. Empuja tú el émbolo de la jeringa pequeña y coloca la jeringa grande sobre una mesa de manera que empuje un objeto grande. Luego empuja el peso con tu mano y verás cómo el sistema de jeringas te permite hacer menos fuerza.

Este mismo principio es el que usan los sistemas hidráulicos (la prensa hidráulica, el gato hidráulico) para ejercer grandes fuerzas a partir de otras mucho menores.

¿Usan herramientas los animales?, [87]

25. ¿Qué son las enzimas?

Las reacciones químicas, aunque ocurran de manera espontánea, no siempre lo hacen rápidamente. Un buen ejemplo es la oxidación del hierro, comparada con la oxidación de una pera (cuando toma el color marrón, en pocos minutos).

Los catalizadores son sustancias que favorecen o aceleran las reacciones químicas. Los catalizadores, en los seres vivos, se llaman biocatalizadores o enzimas.

No hay que confundir un catalizador con un reactivo (con algo que forma parte de la reacción). Una manera de ilustrarlo sería decir que un catalizador es una «herramienta».

Por ejemplo, si queremos unir una tuerca y un tornillo, podemos hacerlo a mano, pero si usamos una llave lo haremos mejor y más rápido. La llave sería nuestro «catalizador».

Fíjate en que la reacción sigue siendo la misma: tornillo + tuerca = tornillo&tuerca, usemos la llave o no.

Fíjate también en que el catalizador no se «gasta». Una vez que hemos usado la llave y hemos enroscado la tuerca, lo dejamos a un lado y podemos usar la llave para otra «reacción».

Y fíjate además en que no es necesaria una enorme cantidad de catalizador, porque se reutiliza. No hacen falta cinco llaves para apretar cinco tuercas.

Casi todas, por no decir todas, las reacciones que tienen lugar en los seres vivos están catalizadas. Otras muchas veces acopladas, tomando una la energía que da la otra, etc. Un diseño magnífico…

Hay enzimas que rompen las moléculas grandes y las hacen menores, por ejemplo para su digestión (las lipasas rompen moléculas de grasa). Las hay que construyen moléculas de mayor tamaño a partir de unidades menores (como ocurre en las proteínas). Las hay que separan las cadenas de ADN en la duplicación. Las hay que… los ejemplos son infinitos.

Desde el punto de vista químico las enzimas son proteínas, y son su composición y su forma las que marcan su actividad. Imagina un microscópico «recipiente» en el que entran algunas moléculas y salen unidas, o en el que entra una molécula y sale dividida, o bien un «pegotillo» que se une a la doble hélice de ADN y la va desenroscando como si fuera una cremallera.

¿Qué es el ATP?, [41]

26. ¿Qué son los huracanes?

Son ciclones (tormentas), centros de bajas presiones alrededor de los que circulan vientos sostenidos de más de 120 km/h aproximadamente (74 millas por hora).

Se producen en la zona tropical de la Tierra y reciben otros nombres según la localización (en el Pacífico se les llama tifones).

Se llama «ojo del huracán» al centro de las espirales, que aparece como un punto negro en las imágenes por satélite y en el que, curiosamente, no hay casi viento.

El huracán toma su energía de las aguas templadas de los océanos en la zona tropical y evapora una cantidad enorme de agua. De esta forma cuando alcanza tierra firme pierde fuerza y se disipa en pocos kilómetros. El problema es que además arrastra una enorme marejada que provoca olas de varios metros y que asola la costa. Para empeorarlo también pueden producirse tornados en la parte exterior del huracán.

En resumen, es un fenómeno que involucra una energía y una masa en movimiento enormes y que puede producir, y frecuentemente produce, gran devastación.

Su predicción es compleja, aunque gracias a los satélites y la meteorología se puede seguir su curso y alertar con algunas horas a las costas que pudieran resultar afectadas.

¿Qué son los tsunamis*?*, [52]

27. ¿Qué es la probabilidad condicionada?

Probablemente estas palabras no dirán mucho al lector, pero puede tener la seguridad de que forman parte de su mundo diario, los periódicos que lee e incluso sus conversaciones...

Pensemos en preguntas como estas:
¿Qué probabilidad hay de que una persona al azar tenga ordenador?
¿Y si sabemos que es europeo?
¿Y si sabemos que es africano?...
Expresado matemáticamente sería: ¿cuál es la probabilidad de que una persona tenga ordenador condicionada a que es europea?
Seguro que con un ejemplo...
Imaginemos la siguiente situación.
Hay diez personas: 3 mujeres y 7 hombres.
Las tres mujeres llevan falda.
Uno de los hombres es un escocés tradicional... También se le ven las piernas...
Respondamos a algunas preguntas.
Si tomamos una persona al azar del grupo...
¿Probabilidad de que sea escocés? Uno de diez... el 10%.
¿Probabilidad de que lleve falda? Cuatro de diez... el 40%.
¿Probabilidad de que sea mujer? Tres de diez... el 30%.
Hasta aquí fácil... Vamos ahora a hacernos preguntas condicionadas.
¿Probabilidad de que sea escocés, sabiendo que lleva falda?
Veamos... sabemos que lleva falda, así que o es nuestro amigo escocés o es una de las tres mujeres. Cuatro posibilidades. Ya está... La probabilidad de que sea escocés es una de cuatro, 25%.
¿Probabilidad de que lleve falda sabiendo que es una mujer?
Esta es fácil. Todas las mujeres del ejemplo llevan falda... así que si sabemos que es mujer, seguro que lleva falda. Tres de tres, 100%.

¿Probabilidad de que lleve falda sabiendo que es hombre?

Sabemos que es hombre... siete casos, de los cuales, sólo uno deja ver sus rodillas... Uno de siete, un poco más del 14%.

Sencillo de calcular, dividimos los casos que tienen las dos características entre los casos que tienen aquella que conocemos con seguridad (y multiplicamos por 100 para que salga en porcentaje).

Para qué sirve todo esto... Hagámonos otras preguntas.

1. ¿Cuál es la probabilidad de que una persona tenga cáncer de pulmón?

2. ¿Cuál es la probabilidad de que una persona tenga cáncer de pulmón, si sabemos que es fumador?

3. ¿Cuál es la probabilidad de que una persona tenga cáncer de pulmón, si sabemos que baila flamenco?

Si tomamos datos representativos de una población y calculamos nuestras probabilidades, los resultados en los casos 1 y 3 serán extremadamente parecidos, porque no hay relación entre el hecho de tener cáncer de pulmón y bailar flamenco.

En cambio, la probabilidad en el caso 2 será mucho más alta, puesto que muchas de las personas que fuman acaban desarrollando cáncer de pulmón.

Este tipo de cálculos suelen apuntar hacia relaciones causales entre variables, que deben ser más tarde investigadas y comprobadas por otros medios.

No busquéis excusas... En el caso del tabaco ya se ha comprobado la relación causal.

Es en usos como este donde la estadística muestra la potencialidad que tiene para extraer información de conjuntos de datos aparentemente «muertos».

¿Qué son los percentiles?, [39]

28. ¿Podemos adelgazar viajando a la Luna?

Está muy de moda perder peso…, pero no está muy bien expresado.

Todo esto nace de la confusión entre *masa* y *peso*.

Masa es la cantidad de materia, la madera, el hierro; la «chicha» tiene masa.

Peso es la fuerza con la que te atrae el planeta en el que vives.

La masa se mide en kilogramos, el peso se mide en unidades de fuerza como el *newton*.

Para calcular el peso basta con multiplicar la masa por la gravedad del planeta en el que estemos. En la Tierra $g = 9,8$ m/s^2, así que un kilogramo multiplicado por la gravedad nos dará un peso de 9,8 *newtons*. En la Tierra, una persona de 70 kilogramos de masa tendrá un peso aproximado de unos 700 *newtons* (686 *newtons)*.

¿Qué ocurre si nos vamos a la Luna, donde la gravedad es unas seis veces menor que en la tierra? Ocurrirá que las cosas aunque tengan la misma masa pesarán unas seis veces menos. Esta es la razón por la que los astronautas que llegaron a la Luna podían dar aquellos saltos tan gigantescos: pesaban menos (la Luna les atraía menos que la Tierra).

¿Qué ocurre si te quedas en medio del espacio alejado de cualquier planeta o estrella? Ocurrirá que no pesarás nada, ningún planeta te atraerá.

¿Significa esto que hayamos perdido masa en alguno de los dos casos? No, seguiríamos teniendo brazos, piernas y nuestros «michelines» intactos.

Resumiendo, si queréis perder masa, haced más ejercicio, pero si queréis perder peso… haced un largo viaje.

¿Cuál es el origen de la Luna?, [155]

29. De noche, ¿todos los gatos son pardos...?

Este conocido refrán se basa en un hecho real... aunque nada que ver con la coloración de los felinos.

Percibimos la luz con los ojos, pero la mayor parte del ojo es el instrumento óptico que nos permite hacer llegar la luz al verdadero «sensor», que es la retina.

El ojo tiene una forma casi esférica. Pues bien, en la parte posterior y sobre su interior se sitúa la retina.

Según los expertos la manera más correcta de considerar la retina es como una parte del cerebro que se proyecta hasta los ojos, más que como un sensor que está conectado al cerebro.

La retina está compuesta por diferentes células, algunas sensibles a la luz, neuronas, etc.

No todas estas células detectoras son iguales, las hay de dos tipos principales llamadas conos y bastones (debido a su forma).

Los bastones detectan fundamentalmente la cantidad de luz, mientras que los conos son sensibles a los distintos colores (poseemos tres tipos de conos, para los tres colores primarios).

La cuestión es que a bajas intensidades luminosas, no obtenemos suficiente información de los conos, recibiendo simplemente la que proviene de los bastones.

Por lo tanto nuestra visión en esas condiciones no es una imagen en color débil, sino en tonos más bien grises o «pardos».

¿Qué es el punto ciego?, [190]

30. ¿Qué es la tarifa nocturna?

En las tarifas eléctricas, telefónicas y otras muchas nos ofrecen bonificaciones por utilizar estos servicios en horarios nocturnos, en festivos, vacaciones, etc.

Estas bonificaciones son tan favorables a veces que nos hacen pensar en que hay «gato encerrado».

Veamos un ejemplo. Tenemos un bar y mucha gente viene a comer a nuestro establecimiento.

Durante la mayor parte del día, el bar no está muy lleno y un camarero es más que suficiente para atender a todo el mundo, pero a mediodía vienen todos a la vez y necesitamos contratar a tres camareros para dar abasto.

Los dos camareros «de más» están de brazos cruzados la mayor parte del día y suponen un gran gasto para nuestro bar.

¿No preferiríamos que la gente viniera a comer a distintas horas y de esta manera necesitar uno o a lo máximo dos camareros? Supondría un gran ahorro para los gastos de nuestro bar.

Eso es lo que pretenden los proveedores de los distintos servicios. Disponen de centrales, líneas, equipos, etc., que les resultan imprescindibles para cubrir «las puntas» de demanda, pero que no necesitan durante el resto del tiempo.

Con sus ofertas intentan homogeneizar el consumo, hacer que la demanda sea más constante, pero para que eso ocurra deben cambiar nuestro perfil de demanda, lo cual no les resulta fácil: quieren que gastemos electricidad por la noche, que hagamos más llamadas en domingo que en lunes, etc.

Es trabajo de cada uno, empresa o particular, estudiar hasta qué punto puede hacerlo y hasta qué punto las bonificaciones compensan las molestias.

Es muy recomendable estudiar las tarifas porque en muchos casos pueden sernos favorables si las elegimos cuidadosamente.

¿Qué es un kilovatiohora?, [16]

31. ¿Cuál es el origen del petróleo?

El petróleo es ese líquido viscoso, negro, altamente inflamable que podemos encontrar perforando con más o menos facilidad en distintas partes de la corteza terrestre. Químicamente es una mezcla de hidrocarburos (compuestos formados por carbón e hidrógeno) que varía en composición y pureza grandemente según la zona de origen.

Aunque nuestra principal ocupación consiste en quemarlo en sus distintos derivados (gasolinas, gasoil, etc.), también es materia prima para la producción de disolventes o plásticos.

La teoría más aceptada propone que hace millones de años restos de plantas y cadáveres animales fueron sepultados por capas de sedimentos, y como consecuencia del calor y la presión crecientes, debidos al enterramiento cada vez más hondo, se dieron las reacciones químicas que fueron produciendo los diferentes hidrocarburos.

¿Qué son las series radiactivas?, [170]

32. ¿Cómo funcionan los pozos y manantiales?

Bajo las primeras capas del suelo el agua que se ha filtrado proveniente de las precipitaciones (lluvia, nieve, etc.) se acumula sobre la primera capa impermeable que encuentra.

Si cavamos un agujero hasta esa capa de tierra empapada y la superamos, de la tierra de las paredes del agujero saldrá agua que lo llenará hasta el mismo nivel al que está la tierra empapada. Esto es un pozo.

Si se saca agua del pozo, por las paredes brota más agua, de manera que se restaura el nivel. Evidentemente esto tiene un límite, pudiendo llegar a secarse el pozo si sacamos mucha más agua de la que se repone por las precipitaciones naturales o la circulación de las aguas subterráneas.

También sucede que la pendiente del terreno puede descender hasta llegar al nivel donde está acumulada el agua. Cuando ocurre esto el agua sale de la propia tierra y tendremos un manantial.

Pensemos algo un momento.

Arrojamos basuras al suelo, pilas que contienen metales pesados (mercurio, por ejemplo), y otras sustancias contaminantes. La lluvia moja todo esto, y genera un interesante «caldito» que se filtra y va a parar al agua que luego consumiremos o con la que regamos los vegetales que consumiremos o con los que alimentamos al ganado que consumiremos... interesante...

¿Qué son las estalactitas y las estalagmitas?, [100]

33. ¿Qué es la campana de Gauss?

Si tomas un conjunto de datos al azar, la altura de un grupo de personas, el tamaño de un puñado de piedras, etc., lo más probable es que sigan lo que por su ubicuidad se llama la distribución normal.

Hagamos un experimento. Un poco de paciencia, que este nos tomará un tiempo.

Toma diez monedas.

Toma un papel de cuadros y escribe los números del 0 al 10 en una fila en medio de la hoja.

Lanza las monedas y si salen cuatro caras rellena un cuadro encima del cuatro.

Repite el experimento... por lo menos unas treinta veces (lo siento, pero si lo haces pocas no funciona).

Ve rellenando cuadros sobre cada número cuando este aparezca.

Verás cómo va surgiendo la famosa «campana de Gauss».

Según vayas incrementado el número de repeticiones, el perfil de los cuadros pintados será como una «suave colina», como una campana.

Lo más probable es que con treinta repeticiones aparezca más o menos visiblemente la figura. Si no te ocurre así, efectúa unas repeticiones más y entonces aparecerá.

En nuestro caso, la cima (el valor más probable, y por lo tanto el que más veces habrá aparecido) estará en el número cinco.

Si hicieras lo mismo con la altura de un grupo de treinta personas, verías que vuelve a salir la misma forma, más o menos alta, más o menos estrecha, pero la misma forma.

Esta distribución de probabilidad es tan frecuente en la naturaleza que aparece tanto en datos relacionados con estadísticas sociales como con resultados de experimentos con partículas elementales. Por esto se la llama «distribución normal».

Matemáticamente aparece cuando un suceso tiene un valor más probable y la misma probabilidad de desviarse hacia un lado o hacia otro, como en nuestro experimento.

¿Tienen memoria las monedas?, [21]

34. ¿Por qué se oscurece la plata?

Aunque al oro, a la plata y al platino se los conoce como metales nobles por la poca interacción que tienen con otras sustancias, esto no quiere decir que no reaccionen en absoluto.

En particular la plata puede reaccionar con el azufre formando sulfuro de plata. Este compuesto es el que produce la capa oscura que se va formando sobre los objetos de plata con el paso del tiempo. Es posible que también hayas visto que, a la luz, el oscurecimiento es más rápido. Se debe a que una mayor temperatura facilita la reacción.

El azufre que reacciona con la plata se halla en la atmósfera bajo la forma de sulfuro de hidrógeno, un gas que a partir de la Revolución Industrial se encuentra presente en mayor cantidad en el aire, debido a la combustión del carbón y el petróleo.

Por lo tanto, no puede decirse que la plata se oxide, ya que no se forma óxido de plata, sino sulfuro de plata... Digamos entonces que se sulfura, lo que suele provocar que los dueños también lo hagan.

¿Qué es la corrosión?, [156]

35. ¿Cuánto tardamos en morirnos?

El primer problema es concretar qué es morirse. Las definiciones han ido cambiado mucho a lo largo de los tiempos.

Desde antiguo la respiración se ha tomado como un signo de vida y, por lo tanto, la falta de ella como un signo de muerte. Hace no demasiados años se tenía la costumbre de acercar un espejo a la nariz del paciente, y si el espejo no se empañaba, se consideraba que había muerto. Ahora sabemos que una persona puede dejar de respirar durante breves momentos y recuperarse, o incluso sobrevivir gracias a un respirador artificial que introduzca y extraiga el aire de sus pulmones.

Más recientemente se ha considerado el latido cardiaco como el signo de vida (al fin y al cabo es el corazón el que reparte el oxígeno por todo el cuerpo), pero también sabemos que una persona puede sufrir un paro cardiaco por diversas causas (infarto, electrocución, etc.) y ser recuperable.

Las últimas consideraciones se dirigen más bien al cerebro. En nuestros días se considera que una persona está muerta cuando cesa su actividad cerebral (encefalograma plano) y ya no enterramos a ahogados, infartados, etc. Por lo que se ha visto, en promedio, un cerebro «muere» si se le priva de oxígeno en torno a cinco minutos, pudiendo sufrir daños irreparables en tiempos menores (comas, estados vegetativos, parálisis parciales o totales, pérdida de funciones cerebrales superiores, etc.). Este pequeño intervalo de tiempo nos da la oportunidad de recuperar a personas con paradas respiratorias, cardiacas o ambas.

En cualquier caso, todas estas definiciones son valores medios y, en casos particulares, pueden ocurrir distintos fenómenos.

Asumiendo que se han dado estos procesos o aquello que se llama heridas incompatibles con la vida (una cabeza aquí y un cuerpo allá..., etc., perdón por la crudeza), imaginemos que el paciente del que hablamos ha tomado irreversiblemente el camino hacia el «otro lado».

Por la causa que sea, sus pulmones no funcionan, su corazón tampoco y su cerebro ha cesado su actividad. Ya no llegan nutrientes ni oxígeno al resto de células de su cuerpo y estas comienzan a morir, pero no lo hacen a la vez. Antes dijimos que en cuestión de pocos minutos las neuronas mueren, pero no lo hacen así otras células. Las demás van muriendo «por orden». Gracias a esto, partes del cuerpo que resultan amputadas en accidente, dedos, por ejemplo, pueden mantenerse vivas el tiempo suficiente para acudir al médico y poder reimplantarlas. Antes se creía que ese proceso era muy largo, en la antigüedad nacieron leyendas sobre «no-muertos» debido a que la piel al deshidratarse se retrae y parece que las uñas y el pelo siguen creciendo en los cadáveres.

Es difícil decir qué es morirse, quizá dejar de percibir lo que llamamos «yo» de una manera definitiva (porque temporalmente lo hacemos todas las noches), pero abiertas están las investigaciones y las creencias sobre lo que ocurre con ese «yo» después... y dejémoslo aquí porque esto da escalofríos.

¿Qué es la catalepsia?, [165]

36. ¿Qué es un diferencial?

Me refiero al aparato eléctrico que está a la entrada de nuestras casas, ya que hay una pieza en los automóviles que también se llama diferencial.

Todos sabemos de los peligros de la electricidad y de lo molesta y peligrosa que es la corriente eléctrica cuando circula a través de nuestro cuerpo.

Alguno podría pensar que esa corriente eléctrica que tanto daño nos hace es de una intensidad muy alta, pero se equivocaría. La corriente necesaria para hacernos «bailar», o incluso la necesaria para parar nuestro corazón, es una corriente muy pequeña. Es tan pequeña que los aparatos normales que están pensados para proteger nuestros electrodomésticos de sobrecargas no van a detectarla.

Por esta razón necesitamos, aparte de los sistemas que protegen nuestros aparatos, un sistema que nos proteja a nosotros.

Lo que suele ocurrir cuando recibimos una descarga es que hacemos que una parte de la corriente eléctrica deje el cable y pase a través de nosotros hacia el suelo. Esto se llama una derivación.

El diferencial es un aparato que se coloca en los dos cables que llevan la corriente eléctrica y digamos que analiza la corriente «que va» y la corriente «que viene». Si todo va bien esas corrientes deben ser iguales. En caso de que no lo sean ya sabemos que hay una derivación. Parte de la corriente no vuelve y se va directamente al suelo. Esa derivación puede ser un mal contacto en algún aparato, o un familiar que estaba intentando cambiar una bombilla sin desconectar la corriente.

Cuando el diferencial detecta una pequeña «diferencia» entre la corriente que circula por los dos cables, corta la electricidad a toda la casa y nos salva la vida.

El diferencial puede distinguirse porque tiene un pequeño botoncito sobre el que a veces está escrita una «T» de «test». Si aprietas el botón, se produce una derivación controlada y puedes comprobar si tu diferencial funciona porque debe cortar la corriente a la casa. Una vez comprobado, sube de nuevo la clavija del diferencial y a otra cosa.

¿Qué pasa si partimos un imán?, [96]

37. ¿Qué hace el escarabajo pelotero con esa bola de...?

Estas son las cosas que le hacen dudar a uno si la vida tiene un propósito o no.

Resulta que el bicho en cuestión va en busca de la «caca» más aparente que puede encontrar, se fabrica una bolita (que es más grande que él) y se la lleva tan contento empujándola con sus patas traseras mientras anda hacia atrás con sus patas delanteras...

No podemos decir que la perspectiva sea muy apetitosa, pero aquí encontramos además que, como el escarabajo tope con otros congéneres, bien en la propia «despensa» o bien de camino, tendrá que ir peleándose con ellos para conservar tan preciado tesoro...

Cuando llega a casa es recibido con los brazos abiertos y la hembra pondrá sus huevos sobre el «regalo»... No prueben esto en casa.

Este es un magnífico ejemplo de un comportamiento muy extendido en la naturaleza, que podríamos definir como «Si os habéis dejado lo mejor...».

La vaca o el animal en cuestión suelta «aquello» porque, en lo que a él concierne, ese material ya no tiene mejor uso, pero siempre aparece alguien al que le parece una cosa maravillosa, un desperdicio... ambrosía...

Desde un punto de vista desapegado podemos decir que efectivamente en los excrementos aún hay materia orgánica a la que la especie adecuada puede dar un buen uso.

Si seguimos al escarabajo en su camino veremos que, cuando alcance el lugar adecuado, su «equipaje» será enterrado y la hembra pondrá sus huevos encima, sus crías, a la espera de que les guste la sorpresa cuando salgan.

Imaginemos el panorama... Acabas de nacer y algo pegajoso en tus pies... efectivamente... «eso» mismo. Supongo que serán segundos de fastidio mientras en tu cabeza protestas «... otra vez me he reencarnado en escarabajo pelotero...», pero pronto empiezas a mirarlo con otros ojos y dices... «... pues no tiene tan mala pinta esto...», y otra nueva vida que se abre paso.

¿Para qué sirven los mocos?, [23]

38. ¿Qué son los husos horarios?

A veces parece que seguimos pensando que la Tierra es plana... La pregunta: «¿qué hora es?» no está bien formulada. Nuestro interlocutor debería contestar: «¿Dónde narices estás?».

El día y la noche tienen que ver con que la Tierra gira como una peonza enfrente de una «bombilla» que es el Sol. Siempre hay una mitad que recibe la luz y para los que allí viven es de día, y otra que está a la sombra, siendo de noche para sus habitantes.

Si quisiéramos ser precisos, la hora debería ser diferente cada metro que te movieras al este o al oeste, aunque fuera unos segundillos de nada. Como esto en la práctica es una locura, lo que se ha hecho es establecer franjas que tienen la misma hora.

La vuelta entera a la Tierra son 360º y hay 24 horas al día, así que cada 15º cambia una hora. Lo que se ha hecho es que todos los países que están en esa banda de 15º de longitud compartan exactamente la misma hora.

De nuevo esto da algún que otro problema porque las fronteras no coinciden con los meridianos, habiendo incluso países que ocupan más de una franja horaria. Los husos horarios reales son líneas que se tuercen hacia un lado y otro para incluir o excluir a algún país de esa franja. En los países como Estados Unidos se oye decir: «las dos de la tarde, hora de la Costa Este».

Debido a las diferentes horas, en esta época moderna que vivimos, es posible viajar en avión y llegar a un lugar «antes de haber salido» (según los relojes), viajando hacia el oeste. No se preocupen... Cuando vuelvan el viaje durará el doble (según los relojes, de nuevo).

¿Qué son la latitud y la longitud?, [105]

39. ¿Qué son los percentiles?

El primer contacto con los percentiles lo suelen tener los padres a los que les dicen: «El peso de su hijo está en el percentil 60» o «Su altura está en el percentil 40».

Los percentiles son una manera de situar a un elemento dentro de un conjunto. Si nos dicen que nuestro peso es el percentil 60, quiere decir que el sesenta por ciento de la población tiene un peso inferior al nuestro y, por lo tanto, el cuarenta por ciento lo tiene superior al nuestro.

Aunque interesante, esta manera de situarnos dentro de una población es imperfecta (como todas). Por ejemplo, ese cuarenta por ciento restante, ¿está muy alejado de nuestro peso o tiene solamente algunos gramos más que nosotros, siendo el peso del mayor solamente cien gramos más que el nuestro?, etc., etc.

La media de una población, o el percentil de un individuo, o el valor más repetido, etc., dan solamente una idea aproximada de esa población, siendo insuficientes por sí solas para describirla totalmente.

¿Qué es el efecto placebo?, [112]

40. ¿Qué es la paradoja de los gemelos?

La enunciamos.

Dos gemelos idénticos.

Uno sube a una nave espacial y el otro queda en tierra.

Después de un viaje de un día hecho a muy alta velocidad (comparable a la velocidad de la luz) el gemelo vuelve a ver a su hermano.

Al encontrarse, el gemelo viajero descubre que le espera un anciano para el que han pasado veinte años... aunque es ¡su propio hermano!

Aunque todavía no ha sucedido esto porque no tenemos esas naves espaciales tan rápidas, sí se ha observado este efecto sobre la materia.

Se conoció a partir de la Teoría de la relatividad especial enunciada por Einstein a principios del siglo XX.

Uno de los postulados de esta teoría es que la velocidad de la luz es constante, no importa si el observador se aleja o acerca a la fuente luminosa. Esto contradice nuestro sentido común, en el que la velocidad con la que los objetos se acercan a mí aumenta si yo también me acerco a ellos.

Por decirlo de una manera sencilla, como la velocidad es el resultado de dividir el espacio entre el tiempo, y si yo me acerco o alejo estoy cambiando el espacio recorrido, la única manera de que el cociente siga igual será que el tiempo también cambie. Por aclarar un poco más: diez caramelos entre cinco niños. Tocan a dos cada uno. Si traigo más caramelos, pongamos veinte, y quiero que sigan tocando a dos, tendré que traer más niños, en este caso diez.

De esta forma, la teoría nos dice que los relojes no marcan el tiempo igual cuando se mueven a una velocidad o a otra. Resulta que los relojes se retrasan, más cuánto más rápido se muevan.

Por eso el tiempo en la nave transcurría más lentamente.

La comprobación de este hecho en la materia se ha conseguido acelerando partículas que se desintegran a un ritmo conocido. Al moverse más rápido se ha visto que su velocidad de desintegración disminuye. En realidad lo que ocurre es que... su reloj anda más despacio.

Para tranquilizar al lector... estos efectos relativistas son apreciables a grandes velocidades, así que no se preocupen... no deben ajustar sus relojes cada vez que se bajen del coche.

¿Hay puntos absolutos de referencia?, [194]

41. ¿Qué es el ATP?

Son las siglas de *adenosin trifosfato*.

El almacenamiento de energía es un problema para nuestra ingeniería, al igual que los intercambios de energía entre procesos, donde siempre acabamos «perdiendo» gran parte en la operación.

En nuestro cuerpo se utiliza un estupendo sistema asociado a esta molécula.

Por no entrar en muchos detalles químicos digamos que hay una parte principal formada por adenina y ribosa ciclada, a la que se van uniendo moléculas de ácido fosfórico, como si fuera una cola.

Esta cola puede llevar una, dos o tres moléculas de ácido fosfórico, que se llaman AMP, ADP o ATP, respectivamente (monofosfato, difosfato o trifosfato).

Cuando se producen reacciones que desprenden energía se utiliza esta energía para añadir una molécula más de ácido fosfórico, de modo que la energía queda «almacenada» en este enlace.

Si se necesita la energía para algún proceso, se separa una de las moléculas de ácido fosfórico y se libera la energía que quedó allí «retenida» para volver a ser usada.

De esta manera se almacena y utiliza eficientemente la energía. Para almacenamientos de más larga duración se usan otras moléculas como las grasas... No hagamos más comentarios.

¿La «rara» definición del trabajo en la Física?, [58]

42. ¿Cómo funciona la fibra óptica?

Hagamos primero un experimento.

Mete un lápiz en un vaso y verás que parece doblado, o si puedes, ilumina el agua con un rayo de luz y verás que la luz también se «dobla» como lo hacía el lápiz.

A esto se le llama refracción de la luz.

Dependiendo de la sustancia sus propiedades ópticas son distintas, y eso hace que cuando la luz cambia de un medio a otro la trayectoria se «doble» más o menos.

Tenemos dos casos: que el rayo que incide inclinado se acerque más a la perpendicular o que se aleje. Esto depende de los dos medios que estemos usando.

El caso que nos interesa es cuando el rayo se aleja de la perpendicular.

Si vamos inclinando cada vez más el rayo incidente, el rayo refractado se va separando más, hasta que llega un punto en que «sale» al exterior como «reflejado». A esto se llama reflexión total.

Vayamos ahora a la fibra óptica.

Si ponemos un tubo de cierta sustancia de manera que la luz que vaya por su interior, al incidir en las paredes, resulte «rebotada» en esta reflexión total, seguirá transmitiéndose por la fibra y saldrá por el otro lado.

Lo bueno del asunto es que podemos doblar bastante esta fibra sin que la luz que da en las paredes deje de incidir en régimen de reflexión total.

Las aplicaciones son innumerables en telecomunicaciones (por la cantidad de información que puede incluirse) y en medicina (por la posibilidad de ver el interior del cuerpo introduciendo solamente una fibra).

Para ver un ejemplo sencillo, si tenéis un «hilo» de plástico por casa ponedlo contra la luz de una linterna y mirad el otro extremo, lo veréis como un punto de luz. Moved y doblad el hilo, y si seguís viendo el punto de luz quiere decir que la luz ha resultado «conducida» por dentro del plástico... Fibra óptica.

¿Qué es el NIF?, [71]

43. ¿Les vuelve a crecer el rabo a las lagartijas?

La lagartija es un conocido animalito que tiene una curiosa costumbre.

Si se ve en peligro desprende voluntariamente su cola, que queda agitándose mientras la lagartija escapa.

Por un lado el movimiento distrae al depredador, por otro el atacante se hace con una cierta cantidad de alimento.

Esto es bien curioso, pero lo mejor es que el rabo vuelve a crecer.

Esta regeneración de órganos (que para mí la quisiera) es bastante común en insectos, pero en los vertebrados no es tan común y quizá sí más espectacular.

En la familia de los urodelos (por ejemplo: la salamandra, el ajolote y el tritón), esta regeneración es aún más potente.

Aunque la imagen de científicos cortándoles cachitos de aquí y allá a ver si les vuelven a crecer es… un poco desagradable, tenemos constancia de que son capaces de regenerar patas, retinas, cristalinos, mandíbulas e incluso partes del cerebro.

La regeneración la llevan a cabo células indiferenciadas, las conocidas células madre.

Gran parte de la comunidad científica está ocupada en el estudio de la posibilidad de la estimulación de las células madre en los tejidos adultos humanos, o el uso de células madre embrionarias (tema muy discutido en el ámbito de la bioética), y otros cortando cachitos a los pobres urodelos…

La cuestión es que los beneficios que se apuntan son enormes sobre todo en las enfermedades degenerativas, diabetes, etc. Esperemos tener éxito pronto sin tener que recurrir a medios controvertidos éticamente, y que los urodelos puedan vivir tranquilos.

¿Qué es la placenta?, [73]

44. ¿Qué son la solana y la umbría?

Debido a la rotación de la Tierra, el Sol «sale» por el este y se «pone» por el oeste.

Si vivís en el ecuador veréis al Sol andar su camino justo por encima de vuestras cabezas en los equinoccios, pero en los demás casos el Sol inclina su camino.

Si os encontráis en el hemisferio norte el Sol inclina su camino hacia el Sur; si estáis en el hemisferio sur, lo inclinará hacia el norte.

Imaginemos que estamos en el hemisferio norte.

De esta manera, si tenemos una casa cuadrada con sus paredes orientadas según los puntos cardinales, por la mañana el Sol dará principalmente sobre la fachada este y al anochecer sobre la fachada oeste, pero es la fachada sur la que recibe más luz sobre todo en la parte central del día.

Si tenemos un valle orientado de este a oeste, dará mucho más sol en la vertiente sur que en la norte. Por esto se llama «de solana» o «de umbría» a esas zonas. Siendo en general más fría y húmeda la umbría y más cálida y seca la solana.

Se puede ver que las rocas y la corteza de los árboles tienen más musgo en la zona que da al norte, lo que se utiliza a menudo para orientarse en ausencia de mejores métodos.

¿Qué es «arriba» y qué «abajo»?, [150]

45. ¿Qué son los decibelios?

Es un concepto muy usado y, a la vez, poco comprendido.

Primero hay que decir que un decibelio no es una unidad común como el metro o el segundo, en particular no es una unidad de intensidad sonora.

El decibelio es una unidad «relativa», por decirlo así.

La intensidad sonora se mide en potencia por unidad de superficie, digamos cuánta energía llega por segundo a cada metro cuadrado. Pero habitualmente se expresa en decibelios (dB). ¿Cómo puede ser esto?

Los decibelios expresan cuánto más intenso es el sonido respecto al umbral de audición (el sonido más débil que percibimos).

Por ejemplo, podríamos pensar que un sonido tiene 2 dB si es el doble de intenso que el mínimo perceptible, pero esto tiene un problema.

Nuestro rango de audición es extremadamente amplio. El umbral del dolor (el sonido más intenso que podemos percibir) es aproximadamente 1.000.000.000.000 de veces más intenso... así que tendríamos números muy difíciles de manejar.

Por otra parte la sensibilidad de nuestro oído tampoco es lineal. Si aumentamos la intensidad al doble, nuestra sensación no es el doble sino bastante menor. Si no fuera así no podríamos extender nuestra percepción en un rango tan amplio.

Esto se expresa muy aproximadamente con lo que se llama una escala logarítmica. Para explicarlo sencillamente diremos que la escala logarítmica da cuenta de los ceros que tiene una cantidad. Por ejemplo 1.000 sería 3, 100 sería 2 o 1.000.000 sería 6. Así la diferencia entre el rango de audición al que le asignamos 0 dB y el umbral del dolor sería de 12 dB, números mucho más manejables.

Para terminar de facilitar la cuestión y evitar los decimales se multiplica por diez. Así que nuestro rango va de 0 dB a 120 dB.

Resumamos: dividimos la potencia entre el umbral de audición. Miramos cuántos ceros tiene el cociente, multiplicamos ese número por 10 y ya está. Por ejemplo, una potencia 100 veces mayor que el umbral nos da dos ceros, por 10... 20 dB.

Por dar algunos valores comunes, 0 dB es el umbral de audición, 40 dB sería el equivalente a un susurro, 60 dB una conversación normal, 80 dB tráfico denso, 120 dB un avión a reacción.

¿Qué es la escala de dureza de Mohs?, [18]

46. ¿Qué es la tabla periódica?

Según nacemos al mundo, vemos una infinidad de objetos y sustancias.

Lo que parece evidente es que el número de sustancias diferentes es enorme.

Con el tiempo vamos descubriendo que hay sustancias que son la misma, en distintos estados, por ejemplo el agua, el hielo y el vapor de agua.

También descubrimos que algunas sustancias son producto de mezclas de otras más sencillas, por ejemplo el agua con azúcar.

El último paso es descubrir que hay sustancias que están formadas por otras, pero no como una mezcla (separable por métodos físicos: evaporación, centrifugación, etc.), sino que están unidas a un nivel mucho más íntimo.

Estas sustancias son los compuestos. Los átomos de una sustancia están unidos con los de otras, de manera que el resultado puede ser extremadamente diferente a las sustancias que la forman. Por ejemplo, el agua está formada por oxígeno e hidrógeno.

Ahora cabe preguntarnos, ¿cuántas de esas sustancias básicas (elementos) hay? ¿Diez mil, mil, cuatro?

Según se han ido separando mezclas y rompiendo compuestos, se han encontrado poco más de cien. Por procedimientos relacionados con la física nuclear se han podido generar algunos más, aunque de estos últimos no se hayan encontrado ejemplos en la naturaleza, principalmente porque son muy inestables (se desintegran rápidamente).

Algo muy curioso es el hecho de que si ponemos todos estos elementos en determinada disposición (parecida a una tabla), resulta que las propiedades de los elementos que están en la misma columna (grupo) son bastante parecidas. También se pueden encontrar fácilmente relaciones entre los elementos que están en las mismas filas (periodos).

Esta tabla de elementos, la tabla periódica, fue uno de los hitos de la química. Uno de los hechos más espectaculares fue el descubrimiento de que, al colocar los elementos conocidos en sus posiciones, quedaban huecos. Esto hizo que se predijera la existencia de nuevos elementos y, lo que es más sorprendente, de sus propiedades. Se confirmaron estas tesis con el hallazgo del germanio.

La disposición de la tabla periódica se hace ordenando los elementos por el número de protones que hay en sus átomos, lo que se llama el número atómico.

La forma particular de la tabla tiene que ver con las propiedades íntimas de la materia, cuya explicación nos llevaría demasiado espacio... Busquen y encontrarán.

¿Por qué se oscurece la plata?, [34]

47. ¿Por qué hay piedras en el riñón?

También llamadas cálculos renales.

El riñón se encarga de filtrar la sangre extrayendo las sustancias de desecho para que luego sean expulsadas por la orina.

En algunos casos estas sustancias cristalizan, y pueden formarse desde arenilla hasta piedras de algunos milímetros de diámetro.

Uno suele enterarse de que padece este trastorno porque suceden episodios terriblemente dolorosos llamados cólicos nefríticos o, si hay más suerte, por la orina oscura, el dolor al orinar, algo de sangre, etc.

Ya sabemos por qué están dentro... Ahora se trata de sacarlas.

En algunos casos se expulsan con dolor y dificultad a través del camino normal: riñones-uréter-vejiga-uretra y fuera.

En otros casos esto no es posible, y tenemos estas otras alternativas:

Cirugía «por las bravas».

A través de la piel se hace un «túnel» hasta llegar al riñón y se extrae la piedra.

Endoscopia.

Se accede a través de un camino ya hecho: uretra-vejiga-uréter. Mucho menos invasivo.

Ultrasonidos

Desde el exterior una onda de choque con ultrasonidos puede romper y convertir en arenilla el cálculo de manera que pueda ser expulsado por la orina.

Aunque las causas no son completamente conocidas, incluyéndose entre ellas por ejemplo factores hereditarios, sí sabemos que, como para tantas cosas, un consumo de agua suficientemente abundante es un buen elemento preventivo.

En el caso de sufrir un ataque, aparte de ir al médico con la mayor celeridad posible y beber mucha agua, bañarse en agua caliente puede hacer que el dolor remita.

¿Qué son los propioceptores?, [68]

48. ¿Qué es el velcro?

Este sencillo invento es un claro exponente de lo que se denomina «inspiración biológica»... Para que me entiendas... ¡copiar la naturaleza!

Con respecto a la naturaleza hay dos puntos de vista claros.

Si crees en algo más allá, un Dios o un Principio detrás de todo, deberás pensar que «Aquello» sabe lo que se hace...

Si crees que no hay nada más, piensa que la naturaleza es un gran laboratorio donde se han estado ensayando «prototipos» y «soluciones» durante millones de años... Lo que «haya quedado»... debe funcionar bastante bien.

Cualquiera que sea tu opción, si necesitas solventar un problema, no es mala idea echar un vistazo por la ventana.

Si os dais un paseo por el campo con calzado bajo y calcetines de deporte, seguro que volvéis con algunas bolitas enganchadas. Miradlas y veréis que las bolitas tienen ganchitos (por eso se engancharon) y dentro semillas (si no las soltaron ya).

La planta os ha utilizado para dispersar su especie.

¿No creeréis que la planta ha evolucionado para adaptarse a vuestros calcetines?

La planta se ha adaptado a otros paseantes campestres con pelitos en sus patas... los animales, digo... el resto de los animales.

Ya te habrás dado cuenta de que es el mismo principio del velcro. Una banda de ganchitos, una banda de pelito y ya está.

Sus ventajas: puede «pegarse» y «despegarse» muchísimas veces y es bastante resistente cuando está cerrado. Para despegarlo tenemos que tirar de un lado. Intenta hacerlo todo de golpe, se resiste.

Otro campo en el que nunca se olvida la inspiración biológica es el de la robótica.

¿Qué son los tejidos sintéticos?, [66]

49. ¿Qué es la selección natural?

Este concepto surge en el seno de las teorías sobre la evolución.

En la naturaleza coexisten montones de seres de distintas especies y, dentro de cada especie, individuos de distintas características.

Estos seres deben sobrevivir en un medio con unas ciertas características y, probablemente, competir con otros de su misma especie y con otras especies por los recursos (alimentos, agua, etc.).

A veces se habla de la «supervivencia del más fuerte», pero esto es un error; debe decirse la «supervivencia del más apto».

La especie que mejor se adapte a las condiciones ambientales o los individuos que mejor lo hagan en cada especie, tendrán más posibilidades de sobrevivir y reproducirse, con lo que sus genes pasarán a la siguiente generación.

En un clima caluroso una piel gruesa, o poco pigmentada, o con mucho pelo, tendrá características desfavorables. En cambio en un clima frío serán favorables. De esta forma, no hay que hablar tanto de mejor o peor como de mejor adaptado o peor adaptado.

La selección natural va «eligiendo» a los seres o especies mejor adaptados en cada ecosistema. Según la creencia actual, esta es la fuerza que impulsa la evolución.

¿Qué es un nicho ecológico?, [17]

50. ¿Por qué las chispas de las bengalas no queman?

A veces pensamos que el hecho de que algo queme o no tiene que ver con la temperatura a la que esté.

«¡Pues claro!», estaréis pensando...

Bueno, tenéis razón, tiene que ver con eso... pero no solamente con eso.

Para que algo nos queme debe transmitirnos una determinada cantidad de calor.

Cuanto más grande sea la diferencia de temperatura, más fácilmente se dará la transferencia de calor.

Pero si la cantidad de energía que hay en esa sustancia no es mucha, no conseguirá producirnos una quemadura.

En el ejemplo de las chispas de las bengalas, tenemos una sustancia que está a muy alta temperatura, pero al ser tan pequeña no tiene energía suficiente para quemarnos. Aunque, cuidado, algunas un poco más grandes... sí que queman un «pelín» o pueden provocar algún que otro incendio...

¿Qué significa $E = mc^2$?, [89]

51. ¿Qué es una traqueotomía?

La terminación *tomía* quiere decir «corte» o «cortar».
¿Cortar la tráquea? No suena muy apetecible.
Vayamos al principio.

El aire entra por nuestra nariz o nuestra boca. Estos dos conductos acaban formando uno sólo, faringe, laringe, tráquea y ya en los pulmones, bronquios y bronquiolos... donde contacta con la sangre y se produce el intercambio: la sangre toma oxígeno y libera dióxido de carbono que hará el camino de vuelta al exterior.

Si alguien tapa nuestra nariz y nuestra boca, moriremos porque el oxígeno no puede alcanzar nuestro cerebro ni el resto de las células, aunque todo el sistema respiratorio esté intacto.

«... pues no te los tapes!» Ya, ya... es un ejemplo.

La cuestión es que si, por alguna razón, estas vías se obstruyen podemos morir asfixiados.

Las razones pueden ser muy variadas: enfermedades, reacciones alérgicas, objetos (atragantamientos), etc.

En casos extremadamente graves y siempre por manos de un profesional, puede hacerse esta operación.

Consiste en realizar un corte en la tráquea a la altura del centro del cuello e insertar una cánula de forma que el aire pueda «saltarse» el camino que está obstruido.

Esto es un «apaño» para que el paciente no se muera hasta llegar a un centro médico, donde le puedan tratar de manera definitiva.

Completamente desaconsejado practicarlo en caso de no ser un profesional. Para los legos hay otras soluciones que podemos probar y serán muy efectivas en la mayor parte de los casos.

En el caso de objetos, si no hemos sido capaces de extraerlos con los dedos y el afectado tampoco responde a las palmadas en la espalda, siempre podemos probar con la maniobra de Heimlich.

En el caso de reacciones alérgicas, como puede ser cuando una avispa se mete en una lata de refrescos y al beber nos pica en el interior de la boca, se recomienda poner un tubo en la boca antes de que la hinchazón cierre por completo el conducto.

En casos más graves, lo más probable es que esté fuera de nuestro alcance echar una mano, pero la traqueotomía... Imaginad lo alta que es la probabilidad de que le seccionemos una arteria a una persona que tiene «un poco de tos»...

¿Qué son las lentes intraoculares?, [145]

52. ¿Qué son los *tsunamis*?

Son maremotos, terremotos submarinos.

Como en cualquier terremoto, las placas de la corteza terrestre se desplazan repentinamente y provocan una onda sísmica que se propaga por la corteza de la Tierra. Aquí el problema es que al suceder en el fondo del mar, también se provoca una onda en el agua, como cuando arrojamos una piedra en un estanque.

Esta onda se desplaza a gran velocidad movilizando una enorme cantidad de agua, pero desgraciadamente, en mar abierto, esa onda no se levanta casi nada sobre la superficie. La masa de agua que se desplaza lo hace «sumergida»; esto hace difícil su detección. Al llegar a la plataforma continental, cuando el lecho marino sube, el agua que moviliza la onda tiene que levantarse sobre el suelo y, de repente, aparecen olas de decenas de metros. Dependiendo de la altura de la costa y de la intensidad con la que llega la ola, esta entrará más o menos metros en tierra firme, provocando en la mayoría de los casos gran devastación.

En casos como el del sudeste asiático del 2004, en un lugar rodeado de islas y costas, donde las construcciones no estaban precisamente preparadas para algo así, el número de víctimas alcanzó más de doscientos mil muertos. Aunque un análisis de la situación nos llevará a la conclusión, como en tantos otros desastres, de que la mayoría murieron principalmente a causa de la pobreza de la zona.

Debido a la gran magnitud de este terremoto, la ola llegó incluso a cruzar el Océano Índico y alcanzó la costa africana.

Aunque esperamos que nunca les pase, si están en la playa y el mar se retira muchos metros de repente, váyanse y busquen lugares elevados... y avisen, claro.

¿Por qué hay fósiles marinos en el Himalaya?, [116]

53. ¿Son justas las votaciones?

Estamos acostumbrados a vivir con ellas, y a los que no se encuentran en ese caso... posiblemente les gustaría.

La democracia ha sido llamada con frecuencia «la menos mala de las formas de gobierno»; gobierno del pueblo, si nos vamos a la etimología.

Las decisiones se toman por votación directa o delegada por medio de representantes. Quizá sería mejor que una persona o grupo de personas de grandes conocimientos y honestidad tomaran las que fueran las mejores decisiones para todos, pero las iniciativas que se han tomado en esa dirección han desembocado frecuentemente en terribles dictaduras.

Así que parece que estamos «condenados» a votar para decidir.

Aunque la votación parece una forma justa y equitativa, incluso desde el punto de vista matemático presenta algunos problemas.

Para los que les guste profundizar, busquen información sobre Condorcet, Arrow y Saari, pero quedaos un poco más que nos vamos a reír.

Imagina la siguiente situación: tenemos 5 candidatos para presidente: Pedro (A), Juan (B), María (C), Ana (D) y Beatriz (E).

Imagina que hay 55 votantes y que sus preferencias son las siguientes:

18 los prefieren en este orden ADECB.

12 los prefieren en este BEDCA.

10 los prefieren en este CBEDA.

9 los prefieren en DCEBA.

4 prefieren EBDCA.

2 los prefieren en este ECDBA.

Y ahora... a divertirse. Vamos a votar de cinco formas distintas, todas ellas muy habituales en distintos entornos.

Votación única

Cada uno vota al que prefiere en primer lugar... así que sale elegido Pedro.

Votación a doble vuelta.

Hacemos una vuelta, elegimos a los dos más votados y después votamos entre esos dos para decidir el ganador.

Los ganadores de la primera vuelta son Pedro y Juan. Pero en la segunda vuelta muchos votos se sumarán a Juan, porque, fíjate, casi todo el mundo lo prefiere antes que a Pedro. Ha ganado Juan.

Eliminatoria

Se vota cinco veces. En cada votación se elimina al que menos votos tenga y se vuelve a votar. Gana el que quede… y, ¡gana María! Probadlo, el orden de eliminación es E, D, B y A.

Votación ponderada

Cada elector da puntos a todos los candidatos, 5 puntos al que más le gusta, 4 al siguiente y así sucesivamente hasta 1 punto para el último. Este es el método de Borda. Gana Ana con 191 puntos… Esto empieza a parecer ridículo…

Método de Condorcet

Es como una liga… «juegan todos contra todos». el que gane más «partidos» es el que gana. En este caso hay 10 emparejamientos… Como habréis adivinado… gana Beatriz.

Cada uno de estos métodos prima un aspecto y descuida otros. Por ejemplo, Pedro (que sale en votación única) es un representante controvertido; hay muchos que le prefieren en primer lugar… pero hay muchos que no le quieren en absoluto. Ana en cambio es muy popular incluso entre los que no la prefieren en primer lugar… lo que la favorece en una doble vuelta, etc.

Y si queréis seguir, mirad los distintos métodos que se utilizan en los distintos países…, pero no desesperéis, seguimos teniendo el menos malo de los sistemas: la democracia… Hay cosas mucho peores.

¿Cómo se usan los números primos en criptografía?, [63]

54. ¿Cómo viven las estrellas?

Las estrellas son las «fábricas» donde por fusión nuclear se van produciendo los distintos elementos de la naturaleza a partir casi exclusivamente de hidrógeno. Por esto podemos decir sin equivocarnos que estamos hechos de «polvo de estrellas».

Las estrellas llevan una vida muy lenta y larga para nuestra escala, pero con un principio y un fin.

La vida de una estrella «corriente» creemos que sería algo así:

Comienzan siendo nubes de hidrógeno y polvo que por efecto de la gravedad van compactándose y aumentando su temperatura. Cuando esta temperatura alcanza unos quince millones de grados, comienza el hidrógeno a fusionarse produciendo helio y la estrella empieza a brillar.

Dependiendo de la cantidad de material con el que cuente la estrella será más o menos grande, más o menos brillante, y de unos u otros colores.

Con el paso del tiempo (millones de años) el hidrógeno comienza a acabarse y el equilibrio entre la energía producida por la fusión y la gravedad se rompe.

La estrella se comienza a colapsar sobre su centro y la presión aumenta. En esta fase se tiene lo que se llama una gigante roja, ya que mientras gran parte de la materia se va colapsando la capa exterior va expandiéndose. (En el caso de nuestro Sol... se merendará a Mercurio, Venus...)

En este estadio se dan dos futuros muy distintos:

1. Si la estrella es similar a nuestro Sol (entre media y tres veces y media la masa del Sol, aproximadamente), las capas exteriores se van expandiendo y el núcleo se va contrayendo y va quedando reducido a una pequeña pero muy densa esfera que emite calor y que se enfría poco a

poco. Se denomina enana blanca, y enana negra cuando ya ha muerto.

2. Si la estrella es unas cinco veces mayor que nuestro Sol, el colapso del núcleo genera energía suficiente para una enorme explosión, lo que llamamos una supernova, y después de esto de nuevo hay dos posibles futuros.

a) Si el material restante es menos de tres masas solares tendremos lo que se llama una estrella de neutrones.

b) Si el material restante es más de unas tres masas solares, seguirá compactándose debido a su propia gravedad y se convertirá en un extraño objeto que denominamos agujero negro.

Los científicos creen que son estas explosiones las responsables del reparto de los distintos elementos por el universo... Así que la tierra que pisas, la comida que tomas o la carne de la que estás hecho... fueron producidas millones de años atrás en las estrellas.

¿Qué es una supernova?, [160]

55. ¿Somos un poco «cerdos»?

Hay un famoso dicho: «Del cerdo me gustan hasta los andares», refiriéndose al uso que se hace de casi cualquier parte de su cuerpo en el campo gastronómico.

En este caso vamos a referirnos al campo de la medicina.

La primera vez que te lo dicen no puedes ocultar una sonrisa:

«Tenemos un gran parecido al cerdo», dicen los médicos.

«No, si ya me parecía a mí...», suele pensar uno.

A veces olvidamos que nuestro maravilloso espíritu usa para sus asuntos terrestres este vehículo de carne, sangre y vísceras... que come y, digamos, va al servicio.

Este cuerpo es de un mamífero como otros tantos, y esta es la motivación para que los ensayos médicos se lleven a cabo antes con animales que con mi padre o el de usted... por si fallaran.

Pues sepan que hasta hace no demasiado tiempo, la insulina que se inyectaban los diabéticos era insulina de cerdo, que anteriormente al uso de válvulas cardiacas artificiales se implantaban válvulas de cerdo... y dejaremos lo demás bajo un respetuoso etcétera.

Así que no perdamos de vista que nuestro «vehículo» es animal, y sean indulgentes con los parecidos...

¿Les vuelve a crecer el rabo a las lagartijas?, [43]

56. ¿Cuánto dura la información en los medios de registro?

Vivimos una época en la que somos capaces de guardar una cantidad enorme de información en un espacio muy reducido, y de manejar toda esa información con mucha eficiencia. Podemos guardar una biblioteca entera en la palma de nuestra mano.

Esto no lo hacemos sin pagar un precio, aunque a veces no seamos conscientes.

¿Qué ocurre con esa biblioteca que tengo en la palma de mi mano si la arrojo por la ventana? Resulta que ahora tengo una facilidad enorme no sólo para guardar una biblioteca en la palma de mi mano, sino para destruir una biblioteca entera con un mínimo esfuerzo.

Este es uno de los precios que hemos debido pagar, ser menos robustos.

Pero hay aún más desventajas. Una muy clara es que para acceder a ese medio de registro tan avanzado (un DVD, por ejemplo), necesito: un lector de DVD + un ordenador para manejarlo + un sistema operativo + un programa para leer el documento + etc. Hoy en día no parecen grandes requerimientos pero, ¿dónde estarán todas esas cosas dentro de veinte años? ¿Guardáis en casa las antiguas versiones de los sistemas operativos, los programas, las disqueteras...?

En cambio, la piedra de Rosseta, miles de años enterrada guardando la clave para descifrar los jeroglíficos egipcios, llegó a nuestras manos y la pudimos leer... Imaginaos si hubiéramos desenterrado algo parecido a una memoria USB...

En una mano, tenemos la piedra, robusta, permanente.

En otra mano, los medios de registro modernos, rápidos, de enorme capacidad, pero frágiles y con fecha de caducidad...

¿Cómo solucionamos esto?... Con redundancia (grabando en más de un sitio la información) y actualizando los sistemas cada poco tiempo.

Resumiendo, ustedes, hombres y mujeres de hoy, si quieren preservar sus datos en el tiempo... repitan y actualicen, repitan y actualicen, rep...

¿Qué son los decibelios?, [45]

57. ¿Qué es el grado de alcoholemia?

Nuestras reacciones dependen básicamente de dos factores.

Nuestra correcta percepción del exterior.

Nuestra capacidad de procesar los estímulos.

Cualquier cosa que disminuya uno de estos dos factores hará que nuestras reacciones sean más lentas o que seamos incapaces de reaccionar correctamente.

Elementos que alteran nuestra capacidad de reacción pueden ser: la falta de sueño, estar distraídos con otra cosa, algunos medicamentos y, por supuesto, el alcohol y las drogas.

Por esto para un conductor está prohibido conducir sin gafas (si son necesarias), o bajo los efectos de ciertos medicamentos, o bajo los efectos del alcohol y las drogas.

Aunque el efecto del alcohol en distintas personas es distinto, se hace imprescindible definir un límite legal. Este límite se expresa en la concentración de alcohol en sangre (gramos por litro). Es a este valor a lo que se llama alcoholemia.

La forma más directa de medirlo es mediante un análisis de sangre, pero como es poco práctico, se ha desarrollado un método por el que se sopla en un aparato y este mide el contenido en alcohol que hay en el aire espirado. El aparato calcula el grado de alcoholemia a partir de la concentración en el aire. Como este método puede tener fallos, el conductor que haya sido solicitado para «soplar» puede reclamar que se le haga un análisis de sangre que será incontestable.

Recordaremos que la persona que conduce con sus condiciones disminuidas por la razón que sea no sólo pone en juego su vida sino la de muchos otros.

¿Por qué roncamos?, [157]

58. ¿La «rara» definición del trabajo en la Física?

Este concepto causa extrañeza cuando se explica porque parece haber una contradicción con el sentido común.

Por ejemplo con frases como esta: «Una persona de pie parada sosteniendo una maleta en la mano no hace trabajo».

El sentido común nos dice que si alguien «se cansa» debe estar haciendo algún trabajo.

Pongamos un ejemplo y veremos cómo el concepto de trabajo que da la Física no es tan disparatado.

Imaginemos que tenemos una mina y que miramos por la ventana.

Nuestros operarios mueven las vagonetas cargadas de mineral por raíles. Esto es lo que vemos.

El número uno empuja una vagoneta llena de mineral una distancia de un metro.

El número dos empuja una vagoneta llena de mineral, pero no consigue moverla más de medio metro.

El número tres y el número cuatro empujan otra vagoneta, pero cada uno desde un lado diferente. El número cuatro debe hacerlo con más fuerza, porque es el que consigue moverla hacia donde empuja.

El número cinco está sentado en el suelo apoyado contra la vagoneta.

El número seis empuja otra vagoneta y la mueve, pero el número siete la empuja perpendicularmente al raíl.

Ahora pensemos en cuánto les vamos a pagar.

Parece claro que el número uno está haciendo algo útil... Recibirá su salario.

El número dos no nos produce tanto como el uno. Será justo que reciba su parte, pero no tanto como el uno.

El número tres está dificultando la labor del número cuatro, realmente nos está haciendo perder dinero... No seré yo el que le pague.

El número cinco recibirá su justo salario, cero.

El número siete tampoco tiene repercusión sobre la labor que sí está haciendo el número seis. Tampoco me molestaré en pagarle.

Resumiendo:

Nos parece que el que hace más fuerza o el que recorre más distancia hace más labor.

Nos parece que si la fuerza va en contra del desplazamiento, realmente la labor es negativa.

También parece que si no hay desplazamiento, no hay labor.

Cuando la fuerza es perpendicular al movimiento no debe repercutir mucho en ese movimiento... Tampoco hay labor.

Pues de esta, ahora sí, intuitiva manera define el trabajo la Física.

El trabajo es directamente proporcional a la fuerza y al desplazamiento que se produce (a más de estos, más trabajo).

Además hay que considerar el ángulo que forman ambos.

El trabajo será positivo cuando apunten en la misma «dirección».

Será negativo cuando lo hagan en «direcciones» opuestas.

Y será mayor cuanto más alineados estén. De hecho el trabajo se irá haciendo cero según se vayan poniendo más perpendiculares.

Por esto, una persona que sostiene una maleta sin moverla no hace trabajo (no hay desplazamiento). Y si comenzara a andar, la fuerza que hace su brazo no «interviene» en el desplazamiento horizontal (son perpendiculares). Tampoco haría trabajo con ese brazo... Cualquiera se lo dice.

La magia del tornillo, [196]

59. ¿Cómo respiran los peces?

¿Cómo puede ser? ¿Si no hay aire?

Primero, nosotros no necesitamos «aire» (21% de oxígeno y 78% de nitrógeno, y algunos gases más en mínimas proporciones), lo que queremos del aire es su oxígeno. Lo mismo les pasa a los peces, están interesados en el oxígeno.

Preguntémonos ahora, ¿hay oxígeno en el agua? La respuesta es afirmativa.

Ahora sólo hace falta un órgano que permita extraer ese oxígeno del agua. Este órgano son las branquias.

Aparecen detrás de la cabeza y pueden verse a través de unas aberturas con su típico color rojo.

Los peces toman el agua por la boca y la hacen pasar a través de las branquias, donde extraen el oxígeno. De ahí, ese constante boquear.

Funcionalmente son equivalentes a nuestros pulmones.

Como estos órganos están diseñados para extraer el oxígeno del agua, si sacas al pez fuera, se asfixia… en un entorno con un 21% de oxígeno, pero un oxígeno que no puede alcanzar sus células.

¿Cómo hacer la respiración artificial?, [128]

60. ¿Son las órbitas circulares?

Ese es siempre nuestro primer impulso al dibujarlas… pero olvidamos que una circunferencia es algo muy particular.

Considerando el caso más sencillo, un planeta y un asteroide, los movimientos posibles son curvas que llamamos cónicas.

Estas curvas son: hipérbola, parábola, elipse y circunferencia.

El hecho de que el asteroide siga una u otra depende de cuál es su posición y su velocidad.

Imaginemos el caso en el que el asteroide viaje a mucha velocidad y tenga energía suficiente para escapar de la atracción gravitatoria del planeta.

El asteroide se dirige hacia el planeta y va aumentando su velocidad. Si no se choca con él (caso sencillo que no consideramos), se moverá casi en línea recta, pasará al lado y se desviará por detrás, tomando una dirección diferente y alejándose casi en línea recta hasta el infinito. Esa curva (dos partes casi rectas unidas por una curva) se llama hipérbola.

En el caso extremo en el que el asteroide tuviera exactamente energía cero, lo que quiere decir que tuviera la energía justa para alejarse... al llegar al «infinito» se pararía... la curva se deformaría un poco y se denominaría parábola. Este caso es prácticamente irrealizable... ¿Cómo va a ocurrir que la energía sea exactamente cero?... ¿ni un poquito más ni un poquito menos?...

¿Qué ocurre cuando la energía del asteroide no es suficiente?

El asteroide se acerca al planeta, curva su trayectoria y comienza a alejarse pero, a cierta distancia, se queda sin energía suficiente y vuelve en dirección al planeta. Tenemos una órbita.

Esta órbita no tiene por qué ser circular. Cuanto más de «cara» vayamos hacia el planeta, más nos alejaremos después. Trazamos lo que podría verse como una circunferencia «estirada», lo que se llama elipse.

Esta es la forma de todas las órbitas en este caso de dos cuerpos, una elipse. Simplemente las habrá más o menos excéntricas y se parecerán más o menos a una circunferencia, pero es prácticamente imposible que de manera natural aparezca exactamente una circunferencia sin excentricidad ninguna.

¿Aterrizar en Saturno?, [76]

61. ¿Cómo medir la edad de un árbol?

Si cortamos un árbol... o mejor, si observamos el tronco de un árbol cortado, veremos que puede apreciarse una colección de anillos concéntricos.

Contando estos anillos podemos saber la edad del árbol, ya que cada año se forma un anillo más.

El grosor de la corteza entre los distintos anillos tiene que ver con el tipo de condiciones ambientales que se hayan dado durante ese año, que han permitido un mayor o menor crecimiento.

En las zonas donde hay estaciones diferenciadas, se produce un crecimiento rápido con células más grandes y de paredes más finas cuando las condiciones son favorables, y células más pequeñas y de paredes más gruesas cuando son desfavorables. De esta forma cada año aparecen dos zonas: una clara y otro oscura. Así, contando los anillos oscuros o los claros, contamos años.

En zonas donde las estaciones no están tan diferenciadas, como las de climas tropicales, la formación de anillos es más difícil de apreciar o casi inexistente.

¿Qué es el látex?, [86]

62. ¿Qué es la presión atmosférica?

Siempre oímos hablar de esto pero, ¿qué hay en la atmósfera que nos presiona? La respuesta es sencilla... el propio aire.

El aire tiene una determinada masa y por lo tanto un determinado peso. La Tierra atrae a ese aire de la atmósfera. De otra forma se escaparía hacia el espacio.

Resulta que nosotros estamos entre ese aire y el suelo. Por lo tanto estamos soportando todo el peso que ejerce la «columna» de aire que tenemos encima de nosotros.

La presión atmosférica no tiene un valor constante en todas partes, pero sus valores sí están alrededor de 1 kg/cm^2 (la presión que ejerce un kilogramo que se sostenga sobre un cuadrado de un centímetro de lado). A esta presión se le llama 1 atmósfera.

Como ya imaginaréis, si estamos en una montaña, la columna de aire sobre nuestras cabezas es menor, con lo que la presión en lo alto de una montaña es menor que la presión al nivel del mar.

Debido a la distinta densidad del aire frío y del caliente (el caliente es menos denso... «sube»), se producen centros de baja presión y alta presión, y el aire circula entre ellos, produciendo los vientos, tormentas, etc.

Debido a que el aire es un fluido, la presión atmosférica se transmite en todas direcciones (también hacia arriba). Para comprobarlo haremos un divertido experimento:

Llena un vaso de agua.

Pon un cartón encima (tiene que ser un poco rígido).

Da la vuelta despacio al vaso con el cartón encima, sin dejar que entre aire.

Deja de sujetar el cartón... ¡Ahora se sujeta solo!

La presión atmosférica empuja el cartón por debajo y ayuda a otras fuerzas, como la tensión superficial, a mantenerlo en su sitio.

Lugar recomendado para hacerlo: la bañera. ¿Debería haberlo dicho antes?

¿Cómo funciona un pararrayos?, [161]

63. ¿Cómo se usan los números primos en criptografía?

Primero definir...

La criptografía es la ciencia que se ocupa de la generación de códigos, claves, para ocultar (proteger) información.

Los números primos son aquellos que sólo son divisibles sin resto por sí mismos o el 1. Por ejemplo, el 7 y el 13 son primos, pero el 15 no (divisible por 3 y por 5).

¿Qué tienen que ver estas dos cosas?

Hay un conocido ejercicio que todos los que hayan pasado por el «cole» habrán hecho, factorizar un número.

Consiste en tomar un número e ir probando entre distintos otros números para encontrar los factores por los que es divisible.

Un ejemplo, el 21. La lista de los números primos (1, 2, 3, 5, 7, 11...).

Dividimos por 1... ¡Da exacto!... Claro, todos los números son divisibles por 1.

Dividimos por 2... No da exacto... Seguimos.

Dividimos por 3... ¡Da exacto!... Ya tenemos un factor, el 3.

Nos queda 7. Probamos otra vez por 3... No da exacto.

Dividimos 7 por 5... No da exacto.

Dividimos por 7... ¡Da exacto!... Ya tenemos el último factor porque 7 entre 7 nos da 1. Hemos terminado.

Los factores en los que se descompone el 21 son 3 y 7.

Esto, que hemos hecho de manera tan sencilla y que podría hacer cualquier persona o cualquier ordenador con suma facilidad, resulta ser la base de los sistemas de criptografía que utiliza la práctica totalidad de los gobiernos y corporaciones.

La cuestión es que si en vez del 21 hubiéramos tomado un número suficientemente grande, esta búsqueda ocuparía a los mejores de nuestros ordenadores un tiempo equivalente a... la vida del universo.

Los números primos y sus propiedades ocupan y fascinan a científicos y paseantes. Mucho es lo que desconocemos de ellos y quizá gran parte de esto es, por su propia naturaleza, imposible de conocer.

Un escenario común es tener una clave pública (un enorme número) que es producto de dos números primos (también enormes) y una clave privada de las mismas características.

La clave pública sirve para codificar la información. Pero, una vez hecho, este mensaje no puede decodificarse si no se posee la clave privada, que guarda a buen recaudo el responsable del sistema.

Es escalofriante pensar que los mismos descubrimientos matemáticos sobre los números primos que maravillarían a toda la comunidad científica podrían hacer colapsar nuestros sistemas de seguridad... desde las claves de nuestras cuentas bancarias hasta los sistemas de defensa de los gobiernos.

La imprenta. ¿La gran revolución?, [200]

64. ¿Qué es el Fuego de San Telmo?

Es conocido que ofrecer algo puntiagudo hacia un cielo tormentoso es una fácil forma de provocar un rayo.

La razón es que el campo eléctrico en esa punta se hace muy intenso y facilita la ionización del aire circundante, lo que aumenta su conductividad y... ya sabemos lo que pasa.

Desde antiguo se ha observado que, en alta mar, cuando un barco atravesaba una tormenta, en algunas ocasiones una luz azulada brotaba de los mástiles, dando la impresión de que ardían sin quemarse... Escalofriante.

También puede verse en aviones, chimeneas y, en alta montaña, en puntas de objetos metálicos; siempre que rodeen tormentas eléctricas.

En la actualidad ya conocemos su naturaleza eléctrica y no peligrosa... a no ser que caiga un rayo o, en los dirigibles, que se inflame el gas interior (hidrógeno).

Algunos dicen conseguir un efecto parecido cargando un globo de estática (frotándolo con el pelo, por ejemplo) y después acercándolo muy despacio a la mina de un lápiz. Tenéis que estar cerca para que se ionice el aire, pero lejos para que no salte aún la chispa. Prueben, pero no desesperen, estas cosas de la estática son esquivas...

¿Qué son los fuegos fatuos?, [197]

65. ¿Cómo se produce la intoxicación por monóxido de carbono?

Vayamos al principio. Sabemos que nuestras células necesitan el oxígeno para vivir, pero también sabemos que la mayor parte de nuestras células están «metidas» dentro de nuestro cuerpo, sin acceso ninguno al aire circundante. Estas no pueden hacerlo, pero tampoco las de la piel toman el oxígeno que necesitan del aire. Tenemos un sistema de reparto.

Hemos centralizado la toma y expulsión de gases en nuestros pulmones. Tomamos oxígeno que pasa a la sangre y esta lo reparte a las células del cuerpo, recogiendo entre otras sustancias CO_2 (dióxido de carbono) que pasará a los pulmones y será expulsado al exterior con la espiración.

En la sangre hay varios tipos de células. En concreto los glóbulos rojos son los encargados de recoger el oxígeno y transportarlo. Lo hacen gracias a una molécula llamada hemoglobina, que es afín al oxígeno. Podríamos decir que esta molécula forma un «hueco» en el que encaja muy bien la molécula de oxígeno.

Lo que ocurre cuando hay CO (monóxido de carbono) es que, desgraciadamente, la hemoglobina es más afín al CO que al oxígeno, y los «huecos» que debían ser llenados con moléculas de oxígeno resultan ocupados por moléculas de CO. De esta forma, aunque haya oxígeno presente en el aire, la hemoglobina «prefiere» transportar CO, privando a nuestras células del necesario sustento.

La víctima se va adormilando a veces sin darse cuenta siquiera, y si no sale o se la saca de ese ambiente rico en CO acabará muriendo por falta de oxígeno (en sus células, no en el aire).

El CO se produce frecuentemente en combustiones que no se realizan adecuadamente, braseros antiguos, calderas mal ajustadas, los gases del tubo de escape de los coches, etc. Por esto no se debe tener el coche encendido en lugares cerrados como garajes, ni utilizar elementos calefactores en mal estado. No sería el primero que muriera de eso, ni el primero que al entrar en su casa se encontrara a media familia adormecida a punto de morir.

¿Qué es el grado de alcoholemia?, [57]

66. ¿Qué son los tejidos sintéticos?

Llevamos muchos años cubriéndonos con «cosas» para combatir el frío.

Al principio, y todavía algunos por necesidad y otros por gusto, usábamos pieles de animales más o menos tratadas.

Con el tiempo aprendimos a obtener hilos y a tejerlos. Esto da origen al uso de las fibras naturales: el algodón, la seda, etc.

Hace algunas décadas, en la escala de nuestra especie «cuatro días», hemos aprendido a producir fibras de manera artificial.

Son macromoléculas, cadenas de átomos extremadamente largas, que nos aportan propiedades similares, y a veces mejoradas, a las fibras naturales. Realmente pertenecen a la misma familia que las sustancias a las que llamamos plásticos.

Si estás interesado en conocer sus nombres, echa un vistazo a las etiquetas de tu ropa y te los encontrarás: nailon, poliéster, poliamida, etc.

Estas sustancias nos aportan algunas o muchas características como las siguientes: elasticidad, son ignífugas (arden con dificultad), hidrófugas (más impermeables, de secado más rápido), su producción es más barata, etc.

¿Qué es el suelo radiante?, [129]

67. ¿Por qué las pompas y burbujas son redondas?

La pregunta parece evidente al segundo de escucharla, pero el hecho de que siempre las hayamos visto así no es una explicación, es simplemente experiencia.

Hagamos una pompa. Introducimos un volumen de aire en una envoltura de agua jabonosa, y esta, en ausencia de otras fuerzas, toma forma esférica.

Si tocamos con cuidado la pompa y la intentamos estirar o apretar, veremos que nos responde con una cierta resistencia. Hay una tensión en esa superficie.

Esa tensión que proviene del agua jabonosa intenta mantener todas esas moléculas juntas y próximas, pero el aire del interior necesita un hueco.

Así que nuestro problema se reduce a: encuentra qué forma puede guardar un volumen de aire constante, de manera que las moléculas estén lo más cerca posible. O dicho de otro modo: qué forma aloja un volumen constante y tiene menor superficie.

Las matemáticas nos dicen que esa forma es la esfera.

Intentemos verlo intuitivamente.

Imaginemos primero un cilindro en el que cabe un litro de agua. Si hacemos que las bases del cilindro sean algo más pequeñas, para que siga cabiendo el litro tendremos que hacerlo más alto. La cuestión es que necesitamos más chapa para hacerlo más alto de la que nos ahorramos al reducir las tapas. Si no lo ves claro, imagina que haces la base tan pequeña que tienes que hacer el cilindro de un metro de alto.

Con esto os podéis imaginar que las cosas alargadas necesitan más superficie para albergar el mismo volumen.

Sigamos con nuestra intuición. Cualquier recipiente que tuviera «esquinas» (cubos, icosaedros, etc.), gastaría más superficie en hacer esos picos que si estuvieran suavizados.

Eso nos lleva a una forma con bultos suavizados, pero si vamos eliminando las formas alargadas, al final nos encontramos con que la forma «sin esquinas» y «sin alargamientos» en ninguna dirección es la esfera.

De todas formas, si hay otras fuerzas o tensiones presentes, la forma de la pompa se adaptará para minimizar la superficie. Juntad varias pompas sobre una superficie y veréis cómo cambian las formas. En particular, intentad hacer una pompa que esté rodeada por otras y si tenéis suerte... veréis vuestra primera pompa... ¡cuadrada!, vamos... con forma de cubo.

¿Puede el agua «cocer» de repente?, [79]

68. ¿Qué son los propioceptores?

El cerebro es el lugar desde el que procesamos la información, pero esa información debe acceder allí primero.

Los datos que vienen del exterior llegan al cerebro a través de los sentidos, vista, oído, olfato, etc., y de otra multitud de sensores. Por ejemplo, desde la piel podemos obtener datos sobre la presión, la temperatura, etc., aunque podríamos incluirlos como «tacto».

En cualquier caso, sabemos que nuestro cerebro y nuestro sistema nervioso en general toman decisiones también sobre las cosas que ocurren en el interior de nuestro cuerpo; frecuencia cardiaca, sudoración, segregación de saliva, jugos gástricos, liberación de hormonas... aunque muchas de estas decisiones sean inconscientes.

Para que el sistema nervioso sea capaz de obtener estos datos, necesitamos tener una red de sensores repartidos por el interior de nuestro cuerpo.

Un ejemplo claro: a la salida del corazón, en la arteria aorta, hay uno para medir la «fuerza» con la que sale la sangre y poder regularla.

Medidores de temperatura corporal, concentración de diversas sustancias en sangre (por ejemplo: azúcar, hormonas) y un interminable etcétera.

... y nosotros manejamos esta enorme cantidad de información... y lo hacemos inconscientemente... ¡Somos la pera!

¿Cómo mantenemos el equilibrio?, [14]

69. ¿Qué es la herencia asociada al sexo?

En el momento en el que las células van a duplicar su material genético, el ADN se separa y forma los cromosomas.

Estas microscópicas estructuras (parecidas a X) forman parejas, en los humanos 23.

La última de estas parejas define el sexo. Si son iguales (XX) será una mujer. Si a uno le falta «una patita» (XY) será un hombre.

Hay alteraciones de esta pareja, el síndrome triple X, etc., pero no los trataremos aquí.

Las características físicas quedan definidas por dos genes, una porción de cada uno de los cromosomas que forman cada pareja.

En los hombres la última pareja está «coja». Ya que uno de los cromosomas es X y el otro Y. Aquellos rasgos que se decidan por los genes que están en la «segunda patita» del cromosoma sexual X, no tendrán su pareja en el cromosoma Y, que sólo tiene la «primera patita». Por lo tanto se decidirán solamente por el gen que se encuentra en el cromosoma X.

De esta manera, algunas características o enfermedades de origen genético tendrán diferente frecuencia de aparición en hombres y mujeres. En el caso de que el gen «enfermo» sea recesivo, el hombre siempre lo expresará, si lo tiene, pero para que la mujer lo exprese será necesario que también lo tenga en el otro cromosoma X. Si sólo está en uno no será enferma, será «portadora», pudiendo pasarlo a su descendencia.

Ejemplos de este comportamiento son la hemofilia y el daltonismo.

¿Qué son los genes dominantes y los genes recesivos?, [140]

70. ¿Qué son las auroras boreales?

Son un fenómeno atmosférico de una belleza increíble, en el que parece que en las capas altas de la atmósfera el aire comienza a brillar con colores verdosos. Se forman rayos verticales («hilos») que semejan cortinas sujetas por una «barra curvada» de luz.

Ocurren con mayor frecuencia cerca de los polos norte y sur, o más bien del norte y el sur magnéticos.

La Tierra posee un campo magnético y sus polos norte y sur se encuentran muy cerca de los polos geográficos sur y norte.

Por otra parte el Sol emite una enorme cantidad de partículas cargadas (viento solar) que viajan en todas direcciones y alcanzan la Tierra.

La mayoría son desviadas por el campo magnético terrestre (gracias a Dios... nos freiríamos), pero algunas son «conducidas» hasta las zonas donde el campo es más intenso (los polos magnéticos).

Al alcanzar la ionosfera (zona de la atmósfera en la que hay gran concentración de iones) y a una altura de unos cien kilómetros, los electrones que vienen del Sol excitan a esos iones, a otros átomos y moléculas, que devuelven esa energía en forma de luz, tomando diferente color según las sustancias que la producen.

¿Qué es el Fuego de San Telmo?, [64]

71. ¿Qué es el NIF?

En este mundo moderno nuestro tratamos frecuentemente con cadenas de números bastante largas: el número de la Seguridad Social, el DNI... y, en lo que a las máquinas se refiere, ellas traducen cualquier información a cadenas de unos y ceros (sistema binario), ya sean palabras, sonidos, imágenes, etc.

En algunos casos, si algún número se cambia por error, no tiene demasiada importancia. Por ejemplo, si ese número simboliza el nivel de brillo de un puntito en una fotografía, probablemente nuestro ojo no notará la diferencia. En general, en información sonora o visual podemos prescindir de algún dato o dejar pasar algún dato erróneo.

En otros casos, como en el del DNI, si sustituimos un número por otro el cambio es importantísimo. Estarán enviando la multa o el cheque a una persona distinta.

Cuando las cadenas de números no admiten errores se añade algún número más que servirá para comprobar si la cadena es correcta. Este último valor se calcula usando los números de la cadena, de manera que si alguno fuese diferente, el código resultante también lo sería.

Habitualmente se usan los llamados «códigos de redundancia cíclica», que resultan útiles por su sensibilidad a los errores y su facilidad de generación y comprobación.

Esto es de uso habitual en el intercambio de información entre máquinas, aunque a nosotros como usuarios nos resulte transparente.

Un ejemplo más cercano es la letra que se ha añadido al número de nuestro DNI. Si cambiáis uno de los números y recalculáis la letra, veréis que es diferente.

El proceso para calcular la letra es el siguiente: tomas el número del DNI y lo divides entre 23. El resto que salga será el que te indique la letra que debes elegir. A continuación puedes ver el resto y, después del guión, la letra:

0-T, 1-R, 2-W, 3-A, 4-G, 5-M, 6-Y, 7-F, 8-P, 9-D, 10-X, 11-B, 12-N, 13-J, 14-Z, 15-S, 16-Q, 17-V, 18-H, 19-L, 20-C, 21-K, 22-E.

¿Lo normal? Diferencias y parecidos, [125]

72. ¿Cómo cogen «efecto» los balones?

Son comunes en el fútbol, béisbol, golf, tenis y un largo etcétera.

Se golpea una bola y esta durante el vuelo curva su trayectoria.

Esto no puede ser... Un objeto sobre el que no se está ejerciendo una fuerza tiene que seguir un movimiento rectilíneo.

Por lo tanto concluimos que ese balón girando está siendo empujado por «algo»... y lo único que hay a su alrededor es... el aire.

No me refiero a que haya corriente, sino a que el movimiento de ese balón en el aire provoca una fuerza sobre este que desvía su trayectoria.

El elemento común de los tiros con efecto es que la pelota va girando sobre sí misma.

Al girar según se desplaza, el aire pasa con más rapidez por uno de los lados que por el otro.

Por el comportamiento de los fluidos sabemos que cuando el aire circula más rápido hay un descenso de la presión (recuerda la aspiración de los vehículos, por ejemplo).

Entonces tenemos que la presión a un lado del balón es menor que al otro, así que el balón se moverá lateralmente hacia ese lado.

Si el giro que se le hace a la pelota en vez de ser lateral es hacia arriba o hacia abajo tendremos el común efecto «liftado» del tenis, donde se aprecia que la pelota «baja» demasiado rápido: está curvando su trayectoria hacia abajo.

La mecánica de fluidos es también lo que está detrás de la sustentación de las alas de los aviones y las aspas de los helicópteros.

¿Por qué llevan tacos las botas de fútbol?, [147]

73. ¿Qué es la placenta?

Antes de nacer, cuando estamos en el útero materno, también necesitamos alimento y oxígeno, así como desprendernos del dióxido de carbono y los desechos.

De lo que ahora es el ombligo salía entonces un tubo (cordón umbilical) por el que obteníamos los nutrientes y el oxígeno que nos traía la sangre materna, y entregábamos los desechos.

Cuando el óvulo fecundado «anida» en el endometrio (tejido que tapiza el interior del útero), unas vellosidades que lo rodean penetran en ese tejido hasta encontrar los vasos sanguíneos de la madre.

De esta unión se irá formando este órgano en el que las dos sangres, la materna y la fetal, se intercambian sustancias.

En un parto normal, después del alumbramiento, se producen nuevas contracciones que ayudarán al desprendimiento de la placenta de la pared uterina y a su expulsión.

Es importante que se expulse totalmente. Si el órgano se rompe, los médicos se cuidarán de que haya salido en su totalidad.

Las hembras de otros animales acostumbran a comérsela después del parto, suponemos que con el objeto de recuperar una valiosa materia orgánica.

En nuestro caso, a veces extraemos productos de ella con fines cosméticos... Desagradable, ¿verdad?

¿Qué es «romper aguas»?, [123]

74. ¿Qué es el caucho?

Es esa «goma negra» tan elástica de la que están hechos principalmente los neumáticos.

Técnicamente diremos que son larguísimas cadenas de átomos, sobre todo de carbono, que se encuentran enlazadas entre sí y «embrolladas».

A esta familia de macromoléculas se la llama popularmente plásticos, y dentro de estos el caucho pertenece al subgrupo de los elastómeros.

La unión entre las cadenas la realizan átomos de azufre.

Sometido a alta temperatura no se funde, resiste hasta un punto y luego arde.

La manera de producirlo es, *grosso modo,* mezclar látex con azufre y calentarlo para producir la reacción que une las cadenas. A este proceso se le llama vulcanización. Por supuesto hay muchos más detalles, aditivos, etc.
  Su principal propiedad... su gran elasticidad.
  Su gran aplicación... los neumáticos.
  En los neumáticos nos permite el «agarre» a la carretera, la absorción de pequeñas imperfecciones y baches, en fin... insustituible.
  Hablemos de otras aplicaciones menos conocidas.
  Imagina un petrolero de un montón de toneladas que se acerca a un puerto... Si tocara directamente el puerto lo rompería. Es cierto que va muy despacio, pero con tanta masa lleva mucha energía.
  Necesitamos algo que nos absorba esa energía. Esa es la utilidad que tienen los neumáticos viejos colgados en los muelles pequeños o en los costados de algunos barcos.
  Para barcos grandes y aplicaciones muy críticas se utiliza caucho natural, producido usando látex natural, con mejores propiedades elásticas.
  También se intercalan capas de caucho en las paredes de los túneles del metro de manera que absorban el ruido y las vibraciones.
  En Japón, zona muy propensa a los terremotos, incluyen en los cimientos elementos elásticos, a veces de caucho, para absorber con su elasticidad la energía, que de otra manera rompería el rígido hormigón.

¿Qué es ser elástico o plástico?, [109]

75. ¿Qué es una especie invasora?

Las migraciones de las especies por la superficie de la Tierra están regidas por los cambios climáticos, la unión o separación de las tierras emergidas, etc.

Esto hace que los ecosistemas cambien con el tiempo por las inevitables competencia y acomodación entre las especies y los individuos.

La escala de tiempo en la que ocurren estos fenómenos puede ser extremadamente rápida o lenta.

Últimamente, si hay alguna especie que se ha extendido por todo el planeta, esa hemos sido nosotros.

En nuestras migraciones nos hemos llevado, queriéndolo o no, otros seres vivos que han resultado «invasores» en los ecosistemas que nos acogían.

Esas especies han resultado expulsadas en algunos casos, en otros han encontrado su «nicho ecológico», y en otros han desplazado a especies autóctonas, llevándolas incluso a la aniquilación por su superioridad en la competencia.

Al llegar a América, la gripe diezmó a los aborígenes que no estaban acostumbrados a nuestras «tradicionales» enfermedades.

El conejo que llevamos a Australia encontró un ecosistema tan «acogedor» que se ha convertido en una plaga.

En España, el cangrejo de río americano ha desplazado casi por completo al autóctono español, etc., etc.

Comprenderán ahora por qué dejamos a los astronautas en cuarentena cuando vuelven... No queremos «visitas» inesperadas.

¿Existe la posesión demoniaca en los caracoles?, [104]

76. ¿Aterrizar en Saturno?

No se puede...

No es que no sepamos, o que esté muy lejos... Es que no se puede.

Porque... Saturno es un gigante gaseoso, no tiene corteza donde aterrizar.

Júpiter, Saturno, Urano y Neptuno son los cuatro gigantes gaseosos de nuestro sistema solar. Son enormes. De hecho se piensa que si Júpiter hubiese sido algo mayor podrían haber comenzado las reacciones nucleares que lo convirtieran en una estrella, con lo que viviríamos en un sistema doble.

Lo que sí se puede hacer es buscar lunas que sean de interés en estos planetas.

Una de las mejores candidatas es Europa, luna de Júpiter, que parece albergar un océano de agua líquida bajo su superficie... muy interesante para buscar vida extraterrestre o llevar la nuestra allá.

¿Cómo es el interior de la Tierra?, [126]

77. ¿De qué color son las cosas?

La luz que uno ve no se origina en los objetos, a no ser que sean radiactivos, fosforescentes, o estén incandescentes. La mayoría de los objetos simplemente reflejan parte de la luz que incide sobre ellos, y es esa luz precisamente la que vemos.

Así que la luz que llega a nuestros ojos es la luz ambiente reflejada por los objetos. Por lo tanto tendrá que ver tanto con la naturaleza del objeto como con la luz ambiental que haya.

De esta manera cuando preguntamos de qué color es tal o cual objeto, deberían respondernos a la gallega: ¿y de qué color es tu lámpara?

Practicad, mirad el mismo objeto a la luz de un día soleado, nublado, de una bombilla incandescente, fluorescente, o incluso con luces de colores.

¿Se mueve la luz en línea recta?, [151]

78. ¿Qué son las fases de la Luna?

Lo primero que hay que decir es que la Luna no brilla... Simplemente refleja la luz que le llega del Sol.

Si cogemos una pelota y la ponemos delante de una bombilla, veremos que aproximadamente la mitad de la esfera está iluminada y la otra mitad a oscuras. Si ahora rodeamos la pelota, en cada posición veremos un círculo con una parte iluminada y otra a oscuras.

La situación es muy parecida a este ejemplo. En su movimiento la Luna va haciendo que la parte iluminada (la que mira al Sol) sea más o menos visible desde la Tierra. La llamaremos:

Luna llena cuando veamos toda la cara iluminada (con el Sol a «nuestra espalda»).

Luna nueva cuando veamos la cara oscura (con la Luna entre el Sol y nosotros).

Cuartos cuando veamos media luna iluminada y media a oscuras. Cuarto menguante cuando vayamos pasando de luna llena a nueva, y creciente cuando vayamos pasando de nueva a llena.

El ciclo completo de la Luna dura aproximadamente veintiocho días, una semana por fase lunar.

En contra de lo que algunas personas piensan, la Luna no sólo puede verse de noche. En algunas ocasiones (sobre todo cuando está llena) podemos verla de día. Para eso tiene que estar «alejada» en el cielo del Sol, que es mucho más brillante.

¿Qué son los eclipses lunares?, [198]

79. ¿Puede el agua «cocer» de repente?

Hemos oído hablar de personas que al sacar un vaso de agua del microondas se han quemado porque el líquido se ha puesto a ebullir de repente al echarle azúcar o meter la cuchara.

Hablemos por un momento de los estados de la materia.

Los tres más conocidos: sólido, líquido y gaseoso (hay alguno más…).

El paso de un estado a otro se llama cambio de estado o de fase.

Hay miles de páginas dedicadas a estudiar los cambios de fase. Sólo mencionaremos alguna de sus características.

Cuando comienza a darse uno de estos cambios de fase, la temperatura permanece constante hasta que se termina. Por ejemplo, a presión atmosférica, el agua comienza a congelarse a 0º C y no baja más su temperatura hasta que toda el agua se ha solidificado. Esa es una manera de calibrar un termómetro. Si tienes hielo flotando en agua y todo está en equilibrio, no hay duda de que estamos a 0º C.

Otra de las características de los cambios de fase, aunque en nuestra vida cotidiana no suele verse, es lo que se llama histéresis.

Volviendo al ejemplo del agua, consiste en que si se usa agua pura y se hace el proceso muy lentamente, se puede conseguir enfriarla por debajo de los 0º C sin que se congele. A esto se le llama líquido subenfriado. De la misma forma se puede conseguir agua líquida por encima de 100º C (líquido sobrecalentado).

Es difícil que veamos esto en nuestras casas, porque no usamos agua pura destilada. Pero algunas veces se dan las condiciones suficientes para que ocurra al calentar agua en un microondas.

Estos estados son muy poco estables (metaestables) y basta con una pequeña perturbación (una mota de polvo, agitación, etc.), para que el estado se destruya y cambie a la «forma que le corresponde» a esta temperatura.

Para evitar esto, no calentéis demasiado el agua en el microondas, o bien no lo hagáis con agua pura. Si añadís el azúcar antes aumentaréis el punto de ebullición y será más difícil que ocurra.

¿Se puede ser duro y frágil a la vez?, [184]

80. ¿Qué es la maniobra de Heimlich?

Un saludo desde aquí al que inventó la susodicha maniobra. Mucha gente le debe su vida.

Para aprovisionar de aire nuestros pulmones podemos usar la nariz o la boca, no siendo un problema que una u otra esté tapada u ocupada en algún caso. A partir de la faringe los conductos que venían de ambos lugares se unen. Y este será el camino compartido por el que circulen los alimentos y el aire.

La epiglotis es un trozo de cartílago que en su posición de reposo tapona el esófago para que el aire vaya a los pulmones y que, cuando vamos a tragar, se mueve para tapar la tráquea y que el alimento vaya al estómago por el esófago.

Hay veces que algún objeto o alimento obstruye el camino compartido. Por hablar y tragar a la vez algo de alimento va por «mal sitio». Es en estos casos en los que el reflejo de la tos hace que forcemos aire hacia el exterior y expulsemos aquello que nos está asfixiando.

Si el taponamiento no cede, tampoco podremos tomar aire para poder toser y no nos queda otra que empezar a ponernos azules...

Si la tos no funciona, es recomendable ponerse boca abajo, ponerlo cabeza abajo por los pies si es un niño... pero si todo sigue azul...

Es en este caso en el que nuestro amigo Heimlich nos ayuda. La maniobra consiste en:

Búsquese a un sujeto azul.

Póngase detrás de él.

Pase un brazo por cada lado como si le abrazara (por debajo de los suyos).

Cierre el puño y póngalo, apoyando la parte del pulgar, contra el diafragma (zona blanda debajo del esternón y encima de una hipotética tripita).

Ayudándose con la otra mano haga una fuerte presión en un movimiento seco hacia atrás y arriba.

La presión que se provoca con el aire que queda en los pulmones expulsará el objeto en muchos casos.

¿Y qué hacemos si estamos solos y somos nosotros los que nos ahogamos?

Lo primero, toser y toser… y si no funciona, se puede intentar lo siguiente:

Colócate detrás de una silla e inclínate sobre ella, poniendo tu diafragma sobre el respaldo. Agarra el asiento, provoca compresiones sobre el diafragma y… a ver si hay suertecilla…

¿Cómo se hace el masaje cardiaco?, [93]

81. ¿Qué es la nanotecnología?

Nano es un prefijo que se utiliza para indicar una fracción de una milmillonésima.

Así, un nanómetro será la milmillonésima parte del metro, un nanosegundo la milmillonésima parte del segundo, etc.

«Nanotecnología» se refiere a una nueva rama de la tecnología (aunque se trata más de algo que esperamos alcanzar que de algo que ya estemos desarrollando) en la que se utilizan elementos muy pequeños… bueno… pequeñísimos.

Nano en este caso no se refiere exactamente a una milmillonésima; queremos decir: algo extremadamente pequeño.

Consiste, o consistirá, en el desarrollo de máquinas (nanorrobots) y dispositivos que trabajen casi a nivel atómico. Ruedas dentadas que sean moléculas con forma de hexágono y cosas del mismo corte... Increíble, ¿verdad?

Las aplicaciones casi nos superan, pero tienen algo en común: el trabajo con grupos masivos.

Me explicaré. Es imposible que un técnico, con «dos dedos», pueda «pillar» a todos y cada uno de los virus de la infección que tengas, o eliminar una por una las células cancerígenas o, en otro campo, destruir una por una las moléculas que contaminen la atmósfera. Pero si fabricamos nanorrobots que vayan molécula por molécula, célula por célula, analizando y tratando o destruyendo, habremos resuelto nuestro problema.

Igual piensas que ahora la cuestión es construir millones de nanorrobots... Tienes razón, pero no lo resolvamos nosotros. ¿Qué tal si hacemos que unos robots puedan montar otros, que se reproduzcan? Yo hago uno, que genera dos, que generan cuatro, que generan ocho... Usa una calculadora, ve multiplicando por dos y verás a qué ritmo crece esto.

Sin duda habrá que buscar maneras para controlar el crecimiento y la última destrucción de nuestros pequeños amigos, pero no nos agobien... Estamos trabajando.

¿Qué es el láser?, [146]

82. ¿Por qué los animales se lamen las heridas?

Seguro que están pensando: «No sólo los animales... yo también», pero no lo olviden... la palabra «animales» nos incluye... cierto es que a unos más que a otros...

Al grano. La composición de la saliva es compleja e interesante, pero ahora nos ocuparemos simplemente del hecho de que incluye sustancias bactericidas. Una buena «idea», ya que la boca es un punto de entrada al organismo y hay que poner buena «vigilancia».

Ese instinto de lamer las heridas o chuparnos un dedo cuando nos lo herimos tiene que ver sin duda con esto. Aunque es probable que la presión o el calor que proporcionamos también nos cause una sensación calmante.

Pero miren a «otros» animales y verán cómo lamen a sus crías según nacen o cómo también lo hacen con insistencia sobre las heridas.

¿Qué es la penicilina?, [130]

83. ¿Qué son las fallas y los plegamientos?

Debido a las enormes fuerzas que actúan entre las placas que forman la corteza terrestre los terrenos resultan deformados, plegados.

Los pliegues se llaman anticlinales cuando son de tipo «colina» y sinclinales cuando son de tipo «valle». Estos plegamientos han dado origen a muchas de las cordilleras y perfiles de la corteza terrestre.

A veces la roca no puede soportar los esfuerzos y se «parte» dando origen a lo que se denominan fallas. Estas reciben distintos nombres, según sea el desplazamiento de los «trozos» después de la fractura. Pueden montarse uno sobre otro, tener además un desplazamiento lateral o, en el caso de que una zona de terreno haya sido fracturada por varias partes, puede desplazarse hacia arriba dando origen a un macizo tectónico (Horst) o descender formando una fosa tectónica (Graven).

¿Qué son las aguas subterráneas?, [88]

84. ¿Qué es una medida indirecta?

Es relativamente fácil medir la altura de una persona o el tiempo que tardamos en comer.

Pero hay multitud de valores que por su pequeñez, enormidad, rapidez o lentitud..., o bien por su inaccesibilidad, escapan de nuestro alcance.

¿A qué distancia está una estrella? O, ¿a qué velocidad se mueve?

¿Cuál es el grosor de un folio?

¿Cuál es el tamaño de un átomo?...

Para resolver todo esto hay que aguzar el ingenio e idear métodos de medida para que, a través de otras magnitudes que nos resulten fáciles de medir, podamos obtener conclusiones sobre estas otras inaccesibles.

Podéis imaginar que en campos como la Física atómica no se puede hacer otra cosa más que buscar y buscar medidas indirectas.

Solucionemos dos de las preguntas anteriores.

Para saber a qué velocidad se mueve una estrella, se estudian los colores que emite. Si sus colores están desviados de los tonos naturales hacia tonos más rojizos (de menos frecuencia) es porque la estrella se está alejando, y mayor será el corrimiento cuanto mayor sea la velocidad con la que lo hace. En el caso opuesto se aprecia un corrimiento al azul. Por estas medidas sabemos que el universo se está expandiendo. Esto se llama efecto Doppler y es lo mismo que sucede cuando una ambulancia con la sirena encendida se acerca o aleja de ti; aumenta o disminuye la frecuencia de su sonido.

Y ahora una más fácil, el grosor de un folio.

No midas uno, mide un paquete de quinientos y el resultado lo divides entre quinientos.

No siempre se trata de soluciones que necesiten de una sofisticada tecnología, lo que siempre necesitan es una afilada intuición y un pensamiento insistente... nuestras mejores herramientas.

¿Qué es la probabilidad condicionada?, [27]

85. ¿Qué son los puntos de presión arterial?

Conocemos la frase «Doctores tiene la Iglesia», que usamos para dar a entender que cada uno debe pronunciarse sobre su especialidad y no pontificar en asuntos que le sean ajenos. Pero hay que decir que hay casos en los que, aunque no seamos doctores de la Iglesia ni de los otros..., tenemos que mancharnos las manos y hacer algo de medicina.

Me refiero a los primeros auxilios, maniobras y técnicas sencillas que necesitan ser llevadas a cabo en los primeros minutos, porque en otro caso no quedará paciente para cuando llegue el doctor.

Una de las cosas que no pueden esperar ni «cinco minutitos» son las hemorragias. Si se produce una pérdida muy grande de sangre, entraremos en estado de shock y moriremos.

Sin duda todos sabemos que en principio debemos usar un trozo de tela limpio y ejercer presión sobre la herida. Aunque la mayoría de hemorragias responderán a esto, habrá algunas que no. ¿Es el siguiente paso necesariamente un torniquete? No lo es.

Nos hemos hartado de ver en el cine y la televisión torniquetes innecesarios y mal efectuados, y esta es una técnica peligrosa que, hecha inapropiadamente, puede llevar a la pérdida del miembro o incluso a la muerte.

Hay una técnica intermedia que podrá evitar que tengamos que acudir al torniquete como último recurso, y que no tiene esos riesgos.

Sabemos que la sangre que fluye por la herida ha sido enviada por el corazón y que llega allí por medio de las arterias. También nos ha pasado a veces que hemos apoyado un brazo o una pierna en mala postura y hemos sentido el latir de las arterias o que incluso se nos ha dormido por la falta de riego. Usemos esto en nuestro provecho.

La técnica consiste en presionar las arterias que llevan sangre a esa herida contra el hueso más cercano hasta que sintamos cómo palpita. De esta forma estaremos reduciendo el caudal y facilitando la coagulación.

Pongamos un ejemplo sencillo, un brazo que sangra por debajo del codo. La arteria que riega el brazo sale del pecho y va paralela a los huesos del brazo ramificándose hasta llegar a los dedos. Para que veáis cómo funciona, haced una U con vuestros dedos, agarrad vuestro brazo por encima del codo y apretad con firmeza hasta que notéis el pulso. Si no lo conseguís, retorced un poco el brazo girando la mano que aprieta y lo notaréis.

Otros puntos de presión están: cerca de la axila, en la cara anterior del codo y en las piernas; en la ingle (aquí hay que apretar con el puño), en la cara posterior de la rodilla, etc. La idea es siempre la misma, presionar la arteria contra algún hueso cercano.

¿Qué es una traqueotomía?, [51]

86. ¿Qué es el látex?

En estado natural, es una sustancia líquida blanca y viscosa que se saca de un árbol llamado hevea.

El procedimiento es un «sangrado». Se le hace un corte al árbol y se coloca un pequeño vaso donde gotea la savia que es este látex.

Se cuenta que algunos indígenas de la zona donde se daba este árbol (Brasil) sumergían sus pies en la savia y esta al secarse formaba una «bota de goma». No me consta la veracidad de la historia, pero es ingeniosa...

Aparte de las aplicaciones específicas del látex, este es la materia prima para la fabricación del caucho natural, lo que impulsó el comercio de este producto, que comenzó también a cultivarse en Asia.

En el siglo XX se desarrollaron técnicas para la producción de látex artificial, mucho más sencillo y barato de producir.

Hablemos de las aplicaciones específicas del látex.

Es casi seguro que has tenido algún contacto con él; guantes «tipo cirujano», preservativos (condones, diafragmas, etc.).

Elástico, impermeable...

Es importante recordar que hay personas que son alérgicas a esta sustancia, algo especialmente complicado en el uso de preservativos... En algunas de estas aplicaciones hay alternativas de poliuretano, por ejemplo.

¿Cómo son las prótesis hidráulicas de pene?, [107]

87. ¿Usan herramientas los animales?

Hace años se pensaba que el uso de herramientas era uno de los rasgos que nos distinguían de los animales..., de los otros animales.

Si consideramos herramienta un objeto usado para un fin concreto o incluso un objeto que se ha modificado para que pueda cumplir una función, veremos cómo hay otros seres vivos que las usan.

Como primer ejemplo valga el del buitre egipcio.

Hay algunos huevos que presentan una cáscara demasiado dura para el pico de esta ave, pero no para su cerebro.

El buitre busca una piedra adecuada, la toma con su pico y la arroja repetidas veces contra el huevo hasta que consigue romperlo y alimentarse de su contenido.

Las nutrias eligen piedras planas que ponen sobre sus vientres mientras descansan sobre la superficie del agua. Después golpean los caracoles que acaban de capturar contra la piedra hasta que se rompe su cubierta y se los pueden comer.

Hay chimpancés que parten frutos secos usando dos piedras adecuadas una como yunque y otra como martillo.

Este es un primer uso de herramientas, pero un uso no muy elaborado; simplemente se escoge un elemento conveniente del entorno, pero no se modifica... Pero resulta que...

Se ha observado que algunos chimpancés son capaces de escoger ramas adecuadas y prepararlas para poder introducirlas en hormigueros y sacar deliciosas hormigas.

En este caso hay, además de una selección de un elemento adecuado, un tratamiento posterior... Verdadera tecnología.

Lo más llamativo de algunos de estos comportamientos, como el del yunque, es que se trata de conocimientos «culturales», es decir que se transmiten por aprendizaje entre las generaciones de determinados lugares; no se trata de actitudes instintivas.

Habrá que esforzarse más en encontrar diferencias... Esto empieza a ser preocupante.

¿Qué hace el escarabajo pelotero con esa bola de...?, [37]

88. ¿Qué son las aguas subterráneas?

Básicamente todos conocemos el ciclo del agua.

El agua se evapora (de mares, océanos, etc.), más tarde se precipita en distintas formas (nieve, lluvia), una parte discurre por la superficie (ríos, arroyos) y otra parte se filtra en el suelo. La gravedad hace que el agua vaya descendiendo hacia mares y océanos. Y de nuevo se evapora.

¿Qué pasa con el agua que se ha filtrado? Estas son las llamadas aguas subterráneas.

Después de introducirse en la primera capa de suelo permeable, sigue descendiendo hasta que encuentre una capa que sea impermeable. A partir de ese nivel va acumulándose. Así que, por encima de esa capa impermeable, tendremos las capas permeables empapadas en agua.

El agua sigue sufriendo la gravedad y discurre hacia «abajo», buscando la menor altura, aunque pueda acumularse en determinadas zonas, al igual que ocurre con los lagos naturales en la superficie.

En algunos casos existen oquedades o cuevas y se forman ríos subterráneos que pueden salir después a la superficie o no, o seguir luego a través de capas de tierra permeables.

En otros casos el agua disuelve ciertos tipos de minerales, generando su propia cueva.

Las aguas subterráneas son el origen de los manantiales naturales y los pozos que nos procuramos para el riego y el consumo humano.

¿Qué es el nivel freático?, [95]

89. ¿Qué significa $E = mc^2$?

Junto con el teorema de Pitágoras (aquella cosa de los catetos…) esta debe ser de las pocas fórmulas que cualquier persona conoce de memoria. Otro cantar es conocer su significado… Para eso estamos.

Vayamos primero por las ramas.

En este planeta nuestro el agua se muestra con facilidad en tres estados: sólido, líquido y gaseoso.

Tomamos agua líquida y podemos calentarla y producir vapor con ella. Tiene distintas características, ocupa más volumen…, etc., pero ¡sigue siendo agua!, H_2O…, lo mismo.

Podemos congelar el agua y producir hielo. También aumenta el volumen (puede romper botellas...), pero de nuevo... agua, agua... H_2O.

Algo cambia su «apariencia», pero no su naturaleza. Son distintos «estados» de la misma «realidad».

Volvamos a nuestra fórmula.

Nos dice lo siguiente: «¿Habéis visto la masa, la materia: la madera, la carne, la piedra? Y, ¿habéis visto la energía: el calor, la luz...? ¡Qué diferentes son! Pues se trata de ¡distintos estados de la misma realidad!».

La novedad es fascinante, la materia y la energía son lo mismo... ¿Podríamos cambiar de una a otra, como hacemos con el agua?...

¡Sí!

Todos los días, en las sustancias radiactivas, en los aceleradores de partículas..., en el universo, ocurre sin cesar.

Unos gramos de materia se «evaporan» y se convierten en energía «desapareciendo»... O bien una cierta cantidad de energía se «condensa» y aparecen unos «gramitos» de materia.

Estos fenómenos que parecen magia... se nos antojan tan increíbles simplemente porque en nuestra cabeza aún no tenemos claro que energía y materia son distintas manifestaciones de una misma realidad. Y porque en el caso del agua lo tenemos asumido, no gritamos de espanto cuando el líquido «desaparece» y sólo queda gas.

Pero la fórmula va más allá... Además nos dice «el factor de conversión».

Volvamos a nuestras ramas.

Cuando cambiamos de una moneda a otra usamos un factor de conversión Por ejemplo, sabemos que cada euro equivale a 166,386 de las desaparecidas pesetas. Y con este número podemos saber cuántas pesetas son tantos euros y viceversa.

Bajemos del árbol de nuevo.

En nuestro ejemplo el factor es c^2, la velocidad de la luz al cuadrado, aproximadamente 300.000 km/s al cuadrado, más o menos 90.000.000.000.000.000.

$E = mc^2$ quiere decir que por cada kilogramo de materia que hagamos desaparecer, aparecerán 90.000.000.000.000.000 Julios de energía (una barbaridad).

De manera análoga podemos calcular la cantidad de energía necesaria para que aparezca una cierta cantidad de masa.

Ahora es fácil ver por qué las bombas atómicas liberan tantísima energía... o por qué las centrales nucleares son económicamente rentables.

En los aceleradores de partículas se producen muy controladamente y se toman medidas muy precisas, porque lo que se busca no es la producción de energía, sino los fundamentos del mundo microscópico.

Esta fórmula se obtiene como un resultado particular de la Teoría de la relatividad especial, publicada por Einstein a principios del siglo XX.

¿Qué es el gato de Schrödinger?, [114]

90. ¿Qué es el síndrome de Down?

Es una anomalía en la configuración cromosómica. Un ser humano corriente posee 23 parejas (46 cromosomas). En el síndrome de Down hay un cromosoma extra en el par 21, lo que se denomina trisomía.

En su mayoría presentan alteraciones físicas, retraso mental y madurativo.

En las primeras ecografías, o mediante un análisis de sangre de la madre, pueden obtenerse indicios, pero hacen falta exámenes invasivos (por ejemplo, análisis del líquido amniótico) para tener seguridad en el diagnóstico.

La medicina actual ha sido capaz de mejorar sus condiciones vitales y alargar su esperanza de vida, que se ha doblado en los últimos veinte años.

Su tratamiento social también ha cambiado mucho. En países desarrollados como el nuestro reciben formación específica y se va consiguiendo una integración laboral, aunque es imprescindible seguir trabajando en esta línea.

Las personas que habitualmente tratan con individuos con síndrome de Down dicen que poseen una gran sensibilidad y responden excepcionalmente al cariño dándolo y recibiéndolo.

Valga esto para recordar algo que a veces perdemos de vista.

Nos hemos dado cuenta de que es materialismo despreciar a otros por tener menos posesiones que nosotros, o por ser físicamente inferiores, pero no siempre nos damos cuenta y caemos en un cierto «materialismo intelectual» cuando despreciamos a los que no tienen las mismas capacidades que nos han sido dadas sin más mérito por nuestra parte, que haber nacido con ellas.

Todos somos personas, ricas o pobres, sanas o enfermas, más o menos listos, y es eso lo que nos hace iguales: ser personas.

¿Cómo son las múltiples inteligencias y la inteligencia emocional?, [172]

91. ¿Qué es un escáner médico?

Técnicamente, Tomografía Axial Computerizada (TAC).
Realmente es un tipo de radiografía que usa rayos X.
Aprovechándose de los adelantos técnicos y computerizando la información consigue más datos que una radiografía común y el paciente no recibe mucha más radiación.

El emisor va girando alrededor del paciente de manera que se van tomando cortes transversales (como si se cortara un chorizo, con perdón). Se pueden hacer tantos como se necesite.

En la actualidad hay bancos de datos con cortes pormenorizados de pacientes que donaron sus cuerpos con ese propósito, que proporcionan un detalle anatómico increíble.

Si se quieren apreciar detalles de vasos sanguíneos o cosas similares, pueden hacerse lo que se llama popularmente «contrastes». El paciente ingiere o se le inyecta una sustancia que, al emitir radiación, «dibujará» los conductos en la imagen.

El escáner ha sido revolucionario en el estudio y tratamiento del cerebro.

No es un procedimiento doloroso, pero presenta el mismo problema que las radiografías: la radiación. No es conveniente radiarse y por esto se reserva este sistema de imagen para los casos que más lo requieran. Sí que resulta un procedimiento incómodo y puede ser claustrofóbico, porque la sensación que experimenta el paciente es la de entrar en un tubo que gira... vaya, en una lavadora, aunque no tan rápido.

¿Qué es una resonancia magnética?, [139]

92. ¿Qué es el pH?

El agua está formada por dos átomos de hidrógeno y uno de oxígeno.

Esta molécula no es completamente estable, se disocia en una cierta proporción en un átomo de hidrógeno por un lado y la pareja OH por otro.

Los electrones de los átomos no se han quedado en sus átomos «de origen», de manera que estos dos «trozos» están cargados. El hidrógeno que queda suelto positivamente y la pareja OH negativamente.

No me puedo resistir a contaros que ese hidrógeno suelto se suele unir a otra molécula de agua que pase por allí, formándose lo que se llama ión hidronio, H_3O^+.

En resumen, en un vaso de agua tenemos:
Moléculas enteritas de agua H_2O.
Pedacitos OH^-.
Grupitos H_3O^+.
Estas tres cosas están en equilibrio.

Si se perdieran muchas moléculas enteras, los «pedacitos» se unirían para formar alguna más.

Si se extrajera algún tipo de «pedacito», las moléculas se disociarían para compensar esa pérdida.

Vamos ahora al tema.

Si al agua pura le añadimos distintos tipos de sustancias, las concentraciones de estas sustancias se alterarían, quedando más OH^- o más H_3O^+ y resultando la disolución básica o ácida, respectivamente.

Llamamos ácido a la sustancia que produce un aumento de H_3O^+ y base a la que actúa en la dirección contraria. Hay algunas definiciones más sofisticadas, pero no lo compliquemos mucho más.

Para indicar esas concentraciones de una manera sencilla, usamos una escala de números que llamamos pH.

Un pH de 7 equivale al que tiene el agua pura.

Un pH menor será ácido.

Un pH mayor será básico.

Ejemplos de pH de sustancias cotidianas serían: entre 1 y 2 para los jugos gástricos, algo más de 5 para la piel, 12 para la lejía, algo más de 2 para el zumo de limón, alrededor de 3 para el vinagre, etc.

¿Qué son los indicadores del pH?, [199]

93. ¿Cómo se hace el masaje cardiaco?

Consiste en una maniobra que intenta reproducir el funcionamiento del corazón cuando este está en parada.

Lo primero que hay que decir es que no debe realizarse si hay latido, aunque este sea débil.

Para saber si hay latido, puede tomarse el pulso en varios puntos: las muñecas, otras articulaciones, el cuello o simplemente poniendo el oído sobre el pecho. Es importante recordar que el pulso debe tomarse con los dedos índice y/o medio, en ningún caso con el pulgar. Para entender la razón, apretaos con fuerza el pulgar y al cabo de unos segundos empezaréis a notar el pulso (el pulgar tiene pulso propio). Si aprietas tu pulgar contra un cuello, vas a notar un pulso... pero puede que sea sólo el tuyo.

Constatado que no hay pulso, procedemos.

Primero localizar el corazón. Buscamos el final del esternón (el hueso del centro del pecho que acaba antes del estómago), medimos unos cuatro dedos por encima y allí debajo, aproximadamente en el centro del pecho (no decididamente a la izquierda como piensan muchos), está el corazón.

Apoyamos el tacón de la mano, que es esa parte donde la mano se une a la muñeca, sobre ese punto y ponemos la otra mano sobre ella.

Poniendo nuestro cuerpo sobre nuestras manos para hacer fuerza más cómodamente (podríamos tener que estar media hora haciendo esta maniobra), debemos hacer una presión clara a un ritmo de unas noventa compresiones por minuto. La presión debe ser suficiente para que el pecho baje unos cinco centímetros y se produzca así la compresión del corazón. Si se trata de niños muy pequeños o bebés, se debe ser más cuidadoso con la fuerza de las compresiones y aumentar la frecuencia.

A intervalos hay que comprobar si se ha recuperado el latido y cesar el masaje en ese caso.

Es frecuente que si se da una parada cardiaca también haya parada respiratoria, por lo que habrá que compaginar esta técnica con la respiración artificial.

Si hay dos personas, el ritmo debe ser de una respiración cada cinco compresiones y, si estamos solos, haremos dos respiraciones profundas cada treinta compresiones.

No es extraño que se rompa alguna costilla con esta maniobra, pero recordemos que un cerebro al que no le llega oxígeno (aunque respire, si el corazón no mueve la sangre el oxígeno no alcanza el cerebro) morirá en aproximadamente cinco minutos y en algunos menos comenzará a sufrir daños irreparables. Ni en los países del Primer Mundo hay ambulancias tan rápidas... Está en tus manos. Mantengámoslo con vida, que ya le arreglarán las costillas en el hospital... Pero tampoco cuesta nada tener un poco de cuidado. Sería ideal que todos estuviésemos formados en primeros auxilios.

Algunas personas preguntan «¿cuánto tiempo debemos hacerlo?». Quizá la mejor respuesta sea... el que se merezca tu padre, madre, esposa, esposo, hijo o hija... Sabed que hay documentados casos en los que se han recuperado accidentados después de haberles hecho reanimación durante una hora. Terminaremos citando a un médico: «¿Quién no se merece veinte minutos?».

¿Qué es un diferencial?, [36]

94. ¿Qué es la bioluminiscencia?

Así es... Hay bichos que brillan.

Seguro que habéis oído hablar de las luciérnagas. En su caso se trata de maneras de emparejarse y señales sexuales... Gente que conozco hace cosas más raras.

Pero hay más seres vivos que brillan.

Una de las zonas más extrañas y desconocidas del planeta son los fondos marinos, las profundidades medias y abisales.

Algunos animales que viven por allí usan la luz como método para atraer a despistados pececillos, o para mimetizarse, o para despistar a los depredadores.

La reacción química tiene que ver con la oxidación de una proteína llamada luciferina. Es llamativo, pero el calor disipado en estas reacciones es extremadamente pequeño, del orden del 10% o el 20%... Los organismos vivos llevan mucha distancia en su eficiencia a la tecnología.

Algunos de estos seres producen la reacción en el interior de sus células, otros en cambio producen la reacción en el exterior generando una «nube luminosa».

También se da la simbiosis entre animales superiores y bacterias luminiscentes que pasan su vida en el interior del «bicho grande».

En todos estos casos la luz puede modularse o cambiarse de color mediante estructuras corporales que actúan como filtros.

Las bacterias luminiscentes se utilizan a veces como indicadores, por ejemplo añadiéndolas a medios supuestamente hostiles... Si vemos que se apagan, concluiremos que... esto va a estar «malo».

¿Por qué ahorran las lámparas de alto rendimiento?, [9]

95. ¿Qué es el nivel freático?

El agua de las precipitaciones o el agua subterránea, en su circulación, empapa las capas permeables de tierra bajo el suelo y se acumula sobre las que son impermeables.

Al nivel que alcanza el agua se le llama nivel freático.
Por ejemplo, esa es la profundidad a la que hay que cavar en un pozo para poder encontrar agua.
Particularmente es curioso en el caso de las cuevas.
Las galerías suben y bajan incluso en las cuevas que parecen más horizontales. En épocas de deshielo o de grandes precipitaciones puede ocurrir que el nivel freático suba y que lo haga por encima de alguna galería, por lo que puede que se cierre un paso. Quedaría cubierto de agua (como un sifón) y forzaría a pasarlo buceando, lo cual entra en uno de los deportes más peligrosos: el espeleo-buceo. Meterse por cuevas sin conocimientos, o sin un experto, o sin el equipo adecuado, es una actividad bastante peligrosa que ha costado no pocos sustos y algunas vidas.

¿Cómo funcionan los pozos y manantiales?, [32]

96. ¿Qué pasa si partimos un imán?

Los imanes tienen dos polos, llamados polo norte y polo sur. Si partimos un imán esperaríamos obtener los dos polos por separado, llamados monopolos.

En la práctica lo que obtenemos son... dos imanes, con sus dos polos.

Un imán no se forma por una especie de acumulación de «cargas magnéticas» en un extremo y en otro. Si fuera así, al cortar, nos quedarían «cargas magnéticas norte» y «cargas magnéticas sur», pero no es el caso.

A lo largo de los años se ha visto que las corrientes eléctricas producen un campo magnético a su alrededor, dicho sencillamente, que un cable por el que circula corriente eléctrica puede atraer trocitos de hierro porque se comporta como un imán.

Este electroimán viene con su polo norte y con su polo sur, inseparables.

En este caso, de acuerdo, pero, ¿qué pasa con los imanes permanentes, con esas piedrecitas que atraen los metales?

Dentro de las sustancias hay cargas que se desplazan y también partículas que poseen un momento magnético, como si fueran pequeños imanes. Así, algunos átomos acaban presentando un pequeño campo magnético que, alineado con el de otros, puede dar lugar a un efecto macroscópico, apreciable a nuestra escala.

Ya sea producidos por corrientes o asociados a partículas, no se ha observado nunca la existencia de monopolos magnéticos, aunque su búsqueda ocupa el tiempo y la imaginación de muchos investigadores.

¿Por qué se rompen los vasos en mil pedazos?, [108]

97. ¿Otro «calor humano»?

En este caso no hablaremos en sentido figurado, sino literal.

El cuerpo humano produce una cierta cantidad de calor. Somos lo que se llama animales de sangre caliente.

Nuestro cuerpo mantiene una temperatura más o menos constante de unos 36,5º C.

Esto se consigue gracias a «ir echando leña al fuego»... Digamos que nuestro cuerpo va consumiendo recursos (azúcares, grasas...) para mantener el «calorcillo».

Debido a esta actividad «de fondo», el metabolismo basal, el cuerpo emite energía al exterior. Esta emisión depende de la temperatura exterior, del tipo de actividad, etc., pero para una persona en reposo podemos estimar que es aproximadamente 100 kilocalorías por hora.

Si estamos calculando la calefacción de una estancia, casa o edificio, tendremos que tener muy en cuenta el número de personas que van a ocupar el local, porque ¡ellos serán parte del sistema de calefacción! Particularmente evidente en locales con alta ocupación: colegios, edificios públicos, etc.

Lo mismo puede decirse a la hora de refrigerar un local. No sólo habrá que evacuar el calor debido a la luz que entra por las ventanas, el calor que atraviesa las paredes, etc.; también tendremos que evacuar el calor que están emitiendo los ocupantes del local. De nuevo, será crucial cuando la ocupación sea muy elevada.

Las personas también emiten cierta humedad debida a la transpiración, como se puede ver con facilidad en invierno si una persona permanece dentro de un coche un rato; se empañan los cristales. Esta humedad deberá ser tenida en cuenta en algunos lugares con condiciones especiales como una pinacoteca.

¿Podemos adelgazar viajando a la Luna?, [28]

98. ¿Cómo funcionan los adhesivos de dos componentes?

Estos nuevos adhesivos se han convertido en un producto muy útil y popular.

Aunque vienen en muchas presentaciones (dos tubos con una pasta, dos barras como de «plastilina» o bien una barra con relleno de otra sustancia, dos jeringuillas con líquido, etc.), lo que todos tienen en común es que se trata de dos componentes.

No es un pegamento común que se endurece al evaporarse un disolvente.

Estas dos sustancias reaccionan al entrar en contacto, formando un polímero: una molécula de gran cantidad de átomos (cientos o miles) que forman cadenas. Esta reacción de polimerización hace que solidifique la sustancia y que se adhiera a las piezas que se quieran unir.

Además añaden la posibilidad de ser moldeadas y no sólo de servir de unión o rellenar oquedades. Al endurecerse pueden hacerse formas exentas: picos rotos, partes de eslabones o un eslabón completo, etc.

¿Por qué el pegamento no se pega cuando el bote está cerrado?, [3]

99. ¿Qué es un fósil?

Son «recuerdos» de plantas o animales preservados en roca.

Estas imágenes pueden ser de huesos, dientes, pero también de tejidos blandos, excrementos e incluso huellas.

Para que se forme un fósil, es necesario que tras la muerte del organismo se produzca un rápido enterramiento (por sedimentos, por ejemplo) que preserve el cuerpo de depredadores, carroñeros o de una rápida descomposición.

Los minerales del suelo van reemplazando los tejidos lentamente hasta que toda la sustancia orgánica ha dejado su «espacio» a la «piedra».

Los fósiles nos cuentan la historia de la vida en la Tierra. A través de ellos hemos visto evolucionar las especies e incluso se puede obtener información de los procesos geológicos que han ocurrido.

A veces la información es tan detallada que resulta increíble, pero de un «coprolito» (excrementos fosilizados) puede averiguarse cuál era la alimentación de determinados seres que vivieron millones de años atrás.

¿Cuál es el origen del petróleo?, [31]

100. ¿Qué son las estalactitas y las estalagmitas?

Aquellos que no han estado en el interior de una cueva seguro que han tenido la oportunidad de ver imágenes o vídeos.

En el techo y en el suelo hay «agujas» de piedra de distintos tamaños apuntando hacia abajo y hacia arriba, respectivamente.

Las que cuelgan del techo se llaman estalactitas y las que surgen del suelo estalagmitas.

El agua alcanza el techo de la oquedad a través de alguna fisura y comienza a gotear, disuelve el carbonato cálcico de la roca y este se va solidificando alrededor de la gota. De esta forma el agua sigue circulando por el centro (las estalactitas están atravesadas por un conducto). Cuando ya comienza a formarse la estalactita también se va acumulando el carbonato cálcico en las paredes, en algunos casos porque también el agua resbala por la pared de la estalactita. Las distintas formas y coloraciones tienen que ver con la composición química y la velocidad con la que se forman, normalmente muy lenta.

Cuando el agua con minerales disueltos llega al suelo también se produce la solidificación y este es el origen de las estalagmitas.

Si ambas formaciones van creciendo pueden llegar a unirse formando columnas.

Todos estos fenómenos son de una increíble belleza, pero debemos tener gran cuidado y respeto por esta maravilla de la naturaleza y evitar, entre otras cosas, romperlas para llevarse un recuerdo (son muy frágiles y nosotros muy...), hacer pintadas, dejar basuras (yo tampoco podía creerlo hasta que lo vi). El exceso de visitas produce un aumento de la concentración de CO_2 debido a la respiración y lleva a una descalcificación de las formaciones.

¿Qué son los terremotos?, [136]

101. ¿Qué es la Vía Láctea?

Las estrellas están agrupadas en el espacio en conjuntos que se llaman galaxias.

El Sol es una estrella más y también está en una de estas galaxias. La nuestra se llama Vía Láctea.

Las galaxias pueden tener diversas formas (globulares, espirales o formas irregulares). Nuestra galaxia es una espiral con varios brazos en un mismo plano, parecida a una lenteja.

En el centro está el núcleo, muy brillante, de forma elíptica y allí escondido, creemos que un gran agujero negro.

Nuestro «barrio» está en uno de los brazos en la parte exterior de la galaxia.

Si viviéramos cerca del centro de la galaxia, al mirar al cielo en cualquier dirección veríamos montones de estrellas que lo llenarían todo. Como vivimos en las «afueras», si miramos hacia el centro vemos todas esas lucecitas, pero si miramos hacia «fuera de la lenteja» el espacio está mucho más oscuro.

Como nuestra galaxia es bastante plana, al mirar en dirección al centro lo que se aprecia en el cielo es una banda en la que hay muchas más estrellas. Esto es lo que los antiguos llamaron «camino de leche», la Vía Láctea.

Por dar algunos datos personales, en nuestra galaxia hay unos 100.000 millones de estrellas y su diámetro es de unos 100.000 años-luz.

¿Cómo se mueven las estrellas en el cielo?, [178]

102. ¿Qué es la fontanela?

Si tocáis la cabeza de un recién nacido, notaréis que los huesos que la forman no están completamente unidos unos con otros. Hay un hueco particularmente perceptible en la parte superior. ¿Defectos de fábrica?

Los espacios entre las placas óseas se llaman suturas, pero hay algunas zonas en las que están bastante separadas porque son punto de encuentro de varias placas. Especialmente perceptibles son dos, una en la zona posterior, y particularmente una en la parte superior, en el centro.

Esta zona está recubierta por una membrana protectora que se llama fontanela.

Comúnmente cuando se habla de la fontanela se está hablando de la que hay en la zona superior.

Tanto las suturas como las fontanelas se van endureciendo (osificando) con el tiempo y quedan cerradas en torno al año o dos años de vida.

La razón para estos «defectos» es doble.

Primero, el momento del parto es duro para el bebé y particularmente para su cabeza. Gracias a que los huesos no están unidos, el cráneo está dotado de cierta elasticidad y el paso es más fácil.

Y segundo, el cerebro tiene que crecer, y desde luego el «recipiente» (el cráneo) también. Al no estar las placas unidas, el crecimiento es también más fácil.

Así que no eran defectos... Raras son las cosas en la naturaleza que no cumplen alguna función.

¿Cómo se taponan los oídos?, [171]

103. ¿Qué haces ante un escape de gas?

Los gases que usamos para producir calor son invisibles; el metano (gas natural), el propano o el butano.

Debido a la experiencia común con los humos, podría pensarse que todos los gases «van hacia arriba», pero esto sólo ocurre con los que son menos densos que el propio aire.

De los tres que citamos más arriba hay que decir que el butano pesa más que el aire, así que realmente cae al suelo como si fuera un escape de agua (a cámara lenta, claro).

Si no disponemos de las obligatorias rejillas de ventilación en las partes altas y bajas de nuestras cocinas, estaremos facilitando la acumulación de unos u otros gases de estos que hemos citado y de algunos otros.

Imaginemos esta situación:

Ausencia de rejillas inferiores, o rejillas tapadas (para que no entre el frío...).

Hay un escape de butano.

El butano va cayendo como si fuera agua y se va acumulando sobre el suelo. Puede que nos llegue por la cintura... pero ni lo vemos ni nos moja.

De hecho, ni siquiera huele mal. El conocido olor a gas es por una sustancia que hemos añadido para facilitar la detección de los escapes.

Llegamos a casa y...

A nadie se le ocurre encender una antorcha y darse un paseíto.

A casi nadie se le ocurre ir con una vela.

Sí que habrá algún «espabilao» que se anime a encender un mechero, o a «echarse un cigarrito».

Queda claro que todos estos comportamientos serán descartados por la selección natural y sus perpetradores morirán antes de tener tiempo para reproducirse.

Lo que ya no parece tan raro es encender una bombilla o un fluorescente o cualquier aparato eléctrico... Tenéis dos opciones: o bien os lo explico yo, o se lo dejamos a San Pedro.

En el momento del encendido se producen pequeñas chispas en los interruptores, más que suficientes si la concentración de gas es alta, para inflamar la mezcla, la cocina y el edificio.

¿Qué debemos hacer entonces? Si podéis aguantar el olor (no os muráis dentro), abrid puertas y ventanas, sacad fuera a los que pudieran haber quedado inconscientes, ¡no encendáis nada, por Dios!, y... salid de ahí.

¿Por qué las chispas de las bengalas no queman?, [50]

104. ¿Existe la posesión demoniaca en los caracoles?

Seguro que has llegado a esta pregunta atraído por el título...

Pues te cuento.

Resulta que hay un parásito que ataca a ciertos pájaros. Estos van dejando sus heces contaminadas por aquí y por allá.

Un caracol que acierta a pasar por ahí, al ponerse en contacto con las heces, resulta invadido por el parásito en cuestión.

Este parásito crece en el interior del caracol y viaja hacia sus «cuernos»; las protuberancias que sostienen los ojos.

Ocupa toda la longitud de estos «cuernos». Su cuerpo está compuesto por bandas de colores que se mueven y transparentan a través de la piel del caracol.

Por si eso no fuera llamar demasiado la atención, este parásito ataca al sistema nervioso del caracol... y el caracol, como poseído, comienza a subir por los tallos de las plantas y se queda en lo alto, bien a la vista.

Poco más se puede hacer para llamar la atención de un pájaro... que se para y se come al caracol o al menos los visibles «cuernos». Ya hemos infectado otro pájaro.

Los caracoles no siempre mueren al primer encuentro, pero algún otro parásito volverá a «poseerlo»... Tiene los días contados.

Sorprendente...

¿Por qué jadean los perros?, [149]

105. ¿Qué son la latitud y la longitud?

Seguro que habéis jugado a los barquitos más de una vez. En este juego, colocamos nuestras naves sobre un plano, y bastan dos coordenadas para encontrarlas (A5, B3, etc.). Basta con decir «cuánto hacia abajo» y «cuánto hacia la derecha».

Si obviamos por un momento las diferencias en altura, podríamos decir que la Tierra es una superficie casi esférica (un poco achatada por los polos).

El hecho de que la superficie no sea plana, no cambia en nada el asunto. Siguen bastando dos coordenadas para localizar un punto.

Antes que nada hay que establecer los orígenes. Podríamos tomarlos donde quisiéramos, pero busquemos algo fácil.

La Tierra gira en torno a un eje, eso ya nos ayuda. La parte más «gruesa» en torno a ese eje será el Ecuador.

Ya podemos medir una de las dos coordenadas: será la «altura» sobre el Ecuador. A eso lo llamamos latitud. Podríamos medirlo en kilómetros, pero es más fácil medirlo en grados, teniendo en cuenta que entre polo y polo hay 180º. Tendremos latitud 0º en el Ecuador, latitud 90º norte en el Polo Norte y latitud 90º sur en el Polo Sur.

Falta otra coordenada. Por ejemplo, aproximadamente a 40º de latitud norte tenemos Madrid, pero también Italia, Francia, Turquía... Corea, Japón... San Francisco o Nueva York...

Nos falta decir, «más a la derecha o más a la izquierda». Aquí surge un problema, porque no hay un lugar especial que podamos elegir. Todos los sitios dan la vuelta igual, hay que elegir uno cualquiera... Ya lo hicieron y pusieron el cero en Greenwich. De esta manera estaremos al este o al oeste de Greenwich. Como la circunferencia entera tiene 360º, podemos estar hasta 180º al este o hasta 180º al oeste (que es el mismo sitio, al otro lado del globo, en este caso en medio del Pacífico, cerca de Nueva Zelanda).

Resumiendo, para localizar un punto sobre la superficie de la Tierra hay que dar dos datos: su latitud (cuánto al norte o al sur del Ecuador) y su longitud (cuánto al este o al oeste de Greenwich). Por ejemplo, en Madrid estamos aproximadamente a 40º latitud norte y 3º longitud oeste.

¿Por qué titilan las estrellas?, [11]

106. ¿Cómo aceleran su giro los patinadores?

Antes de hablar de las cosas que giran, hablemos de las que se mueven en línea recta.

Si queremos mover algo en línea recta nos cuesta más esfuerzo cuanto más rápido queramos que se desplace.

Si queremos mover algo de más masa nos costará más que si tiene menos.

Dejando esto claro, vayamos a las cosas que giran.

Imagina una bola que gira alrededor de un palo clavado en el suelo a razón de una vuelta por minuto.

Si alejamos la bola del eje y queremos que siga dando una vuelta por minuto, es fácil ver que tendrá que ir más rápido, porque el «viaje alrededor del palo» ahora es más largo.

La energía de un movimiento de rotación tiene que ver no solamente con la velocidad o con la masa (como en el movimiento lineal); también es un factor importante la distancia entre la masa y el eje de giro.

Hagamos un experimento.

Seguro que tienes una silla giratoria.

Ponla en el medio de una habitación de manera que si estiras los pies no te des con nada.

Impúlsate y gira lo más rápido que puedas.

Deja de impulsarte y estira tus piernas lo más que puedas. Verás que la velocidad de giro disminuye. Ahora encógete de nuevo y verás que la velocidad de giro aumenta.

Si llevas tu masa más lejos del eje de giro, necesitas más energía para mantener la velocidad, pero como ya no te estás impulsando, la velocidad disminuye.

Si acercas tu masa al eje de giro, ya no necesitas tanta energía para girar, así que la energía se emplea en aumentar tu velocidad.

Los patinadores sobre hielo conocen esto bien y con las figuras que hacen con sus brazos consiguen variar su velocidad, llegando a velocidades increíbles cuando pegan sus brazos al cuerpo, ya que en este caso ponen toda la masa lo más cerca posible del eje de giro.

¿Qué es una hernia?, [148]

107. ¿Cómo son las prótesis hidráulicas de pene?

En el pene hay dos estructuras llamadas cuerpos cavernosos.

Están llenos de cámaras y cavidades.

Cuando se produce la erección se llenan de sangre, crecen y se muestran más duros.

En algunos casos de impotencia muy severa (imposibilidad de obtener una erección) se pueden implantar dos pequeños depósitos en el lugar de los cuerpos cavernosos.

En el escroto (la bolsita...) se deja una pequeña «perita» llena de un líquido inerte (por ejemplo, suero fisiológico).

Cuando se desea tener una erección, se bombea con la perita y el líquido pasa a los depósitos, con lo que el pene aumenta su tamaño y su dureza. Una diferencia más estética que funcional es que el glande no aumenta su tamaño como en una erección común.

Una vez terminados los asuntos... se pasa de nuevo el líquido a la perita... y a otra cosa mariposa.

Hay otros modelos y otros tipos de prótesis, por ejemplo las maleables, con las que la erección se consigue dando forma a unos alambres que se colocan en el interior del pene. Una de las diferencias fundamentales es que con las hidráulicas el aspecto del pene en estado relajado es el común en alguien no implantado.

¿Cómo se consigue una erección?, [185]

108. ¿Por qué se rompen los vasos en mil pedazos?

Hay veces que un vaso se golpea y se raja, o se parte un trozo. En cambio hay otros vasos que al caer o bien no se rompen, o bien se hacen miles de pequeños trocitos, y piensa uno: «... no era para tanto».

Seguro que habréis notado que estos vasos que se hacen mil pedazos aguantan bastantes golpes sin romperse... hasta que se hacen añicos.

Esos vasos han sido hechos según un procedimiento que aumenta su resistencia. Consiste en solidificar el vidrio con un enfriamiento muy rápido. Con esto conseguimos que dentro del material haya tensiones que se hubieran relajado en un enfriamiento lento. ¿Cómo actúan esas tensiones interiores?

Imaginad un corro de personas de la mano que están haciendo fuerza entre ellas. Si intento separarlas me va a costar, por esas fuerzas internas que hay entre ellos, pero ¿qué pasa si consigo que se suelten dos? Efectivamente, se rompe el equilibrio y se caen todos.

Algo parecido pasa con los vasos. Son capaces de aguantar impactos, absorbiendo la energía en esas tensiones internas, pero si se abre una pequeña fractura se romperá el equilibrio y tendremos que recoger trocitos de vaso por toda la habitación.

¿Por qué se riza el pelo con la humedad?, [8]

109. ¿Qué es ser elástico o plástico?

Decimos que un material es elástico si después de ser deformado recupera su forma inicial.

Diremos que es plástico cuando la deformación permanece.

Estas etiquetas no son tan absolutas como pueda parecer.

Casi cualquier objeto puede comportarse de ambas maneras.

Si se trata de pequeñas deformaciones se comportará de forma elástica y cuando las deformaciones sean más grandes resultará plástico.

Lo grande o pequeña que tenga que ser la deformación dependerá del tipo de cuerpo con el que tratemos.

En el caso de una goma podremos deformarla grandemente antes de que se «dé de sí» y quede una deformación permanente.

En cambio, un golpe sobre la madera hará que se deforme (lo sabemos por el sonido que emite al vibrar), aunque la deformación será tan pequeña que resultará inapreciable a la vista. Mayores deformaciones sobre la madera serán permanentes, o incluso la romperán.

Así que los materiales no son elásticos o plásticos, sino que según se van deformando van pasando primero por un régimen y luego por el otro, para entrar después en el límite de ruptura.

Las grandes diferencias dependen de lo grandes o pequeñas que sean las deformaciones que admiten en cada régimen.

Hay algunos materiales a los que llamamos plásticos, pero eso es por la evolución del término «termoplástico» que, como ahora sabemos, quiere decir «que se deforma permanentemente con la temperatura», ¿verdad? Últimamente este término agrupa también otras sustancias que no son «termoplásticos». Pero esto es otra historia...

¿Cómo funcionan los adhesivos de dos componentes?, [98]

110. ¿Qué son las feromonas?

Los seres vivos emiten sustancias químicas con diversos fines, para trazar caminos hacia el alimento, señales de alarma y muy frecuentemente señales sexuales.

Han sido estudiadas con gran detalle en insectos como las abejas o las hormigas.

En el caso de las hormigas esta sustancia es la responsable de las largas filas que producen para buscar alimento. Los individuos van emitiendo feromonas y cuando vuelven con alimentos habrán generado un rastro químico. Otros individuos detectarán el rastro y lo seguirán y, si ese rastro conduce hacia el alimento, este será un camino más transitado y el «olor» se hará más intenso. De manera natural se van potenciando los caminos que llevan a la comida y, entre estos, los que llevan a más comida o de una manera más rápida.

Haced un experimento (con cuidado). Con un palito frota el suelo por el que circula una fila de hormigas, verás que por un momento las hormigas se despistan hasta que consiguen encontrar el «rastro» y de nuevo regenerar la pista.

¿Es lo mismo impotente y estéril?, [195]

111. ¿Por qué se corta la mayonesa?

Es probable que hayáis visto cómo se comporta el agua cuando se junta con el aceite. Si no es así, para un minuto, ve a la cocina, llena un vaso de agua y echa un pequeño chorro de aceite.

El aceite y el agua son inmiscibles, lo que significa «que no se pueden mezclar». Sus moléculas no sienten atracción entre sí. El aceite (que es menos denso) queda como una capa sobre el agua.

Intentémoslo a pesar de todo. Remueve con fuerza o incluso prueba a hacerlo en un vaso más alto con una batidora (para no ponerlo todo perdido).

Se forman pequeñas gotas de aceite (micelas), con la batidora, minúsculas. Parece que se está mezclando...

pero esperad un momento y veréis cómo las gotitas se van encontrando y uniendo... volviendo de nuevo a la situación inicial.

Cuando hacemos mayonesa, echamos el aceite poco a poco y batimos rápidamente... pero no se forman esas visibles gotas de aceite.

En la mayonesa hay un elemento más, la yema de huevo.

La yema de huevo funciona como un emulsionante. Llamamos emulsión a esa mezcla entre líquidos acuosos y grasos en la que la grasa está separada en minúsculas gotitas sin unirse entre sí.

El chorro de aceite cae, la batidora lo convierte en pequeñas gotitas, la lecitina que contiene la yema las rodea y así evita que se unan. Hemos conseguido nuestra riquísima emulsión, la mayonesa.

Si no se bate bien, si se echa el aceite demasiado rápido, etc., comenzamos a ver cómo el aceite no se emulsiona y se va acumulando... La mayonesa se ha cortado. A veces no tiene remedio, pero unas manos expertas como las de mi madre o mi abuela podían «emulsionar» casos aparentemente desesperados.

¿Qué es el colesterol?, [180]

112. ¿Qué es el efecto placebo?

Imaginen que queremos probar un nuevo medicamento. Elegimos a veinte enfermos y se lo damos. Al cabo de una semana de tratamiento constatamos tres curaciones. A los pocos días nos damos cuenta de que habíamos cambiado las etiquetas sin darnos cuenta y que les habíamos dado simplemente agua con azúcar. ¿Qué ha ocurrido?

Este efecto está descrito abundantemente en la literatura médica. Personas que creen estar recibiendo un medicamento experimentan mejoría e incluso la curación completa de su enfermedad. Se le llama «efecto placebo».

Para evitar que este efecto nos confunda cuando se prueba un tratamiento, se usan los grupos «control». Digamos que se toman dos grupos de enfermos, a unos se les da la medicación y a otros una sustancia inocua, sin que ninguno de los dos grupos de enfermos sepa si está recibiendo una u otra. Los experimentadores que quieren ser aún más cuidadosos, incluso se ocultan a sí mismos la información para que no pueda haber influencia alguna en el resultado.

¿Pero qué está ocurriendo aquí? ¿Hay personas que se curan o mejoran simplemente porque creen recibir medicación?... Efectivamente, eso es precisamente lo que está ocurriendo, lo que resulta un hecho de la máxima importancia: la mente actuando sobre la materia...

Queda pues demostrado que nuestro pensamiento o nuestro estado de ánimo pueden actuar sobre nuestro cuerpo físico para su bien. ¿En qué condiciones? ¿Hasta qué punto? ¿Podría hacerse a voluntad? ¿Podríamos aprender a hacerlo?

Cualquiera les contestará: «¡Claro, es el efecto placebo!», pero no crean que ponerle nombre a algo es explicarlo... Mucho hay que investigar en este campo.

¿Qué es el corte de digestión?, [19]

113. ¿Para qué sirve la bolsa de los canguros?

Los canguros pertenecen a un tipo de animales llamado «marsupiales», cuyo origen es bastante antiguo.

De hecho, la selección natural los ha ido eliminando de multitud de ecosistemas, aunque aún podemos encontrar bastantes ejemplos.

Se le llama marsupio precisamente a la bolsa que tienen en el abdomen.

Si alguna vez tienen la oportunidad de ver parir a un canguro, verán que al nacer su tamaño es... ¡el de una judía!

Este pequeñín busca el camino desde la vagina hasta la bolsa (su madre se lo «allanó y señalizó» lamiéndolo). Si lo consigue se agarrará a un pezón y se alimentará de leche hasta terminar su desarrollo.

Un dato curioso es que unos días después de que una cría salga, la hembra entra en celo y el óvulo fecundado en una fase muy temprana quedará «esperando su turno» hasta que el marsupio quede «libre». Una sincronización perfecta.

Otro marsupial muy conocido es el koala.

¿Estamos enfadando a las bacterias?, [120]

114. ¿Qué es el gato de Schrödinger?

Esta divertida imagen ilustra uno de los muchos efectos de la mecánica cuántica que van en contra de nuestro sentido común.

Pensemos en una moneda. Si la lanzamos tenemos dos estados posibles: cara y cruz.

En la mecánica cuántica se admiten «estados intermedios».

Vamos a usar el ejemplo de la moneda.

Pensemos en un montón de monedas que están girando y que han sido puestas a girar de la misma manera.

Si bajamos nuestra mano contra la mesa y paramos una moneda, el resultado será cara o cruz.

Si repetimos con otras monedas, de nuevo tendremos cara o cruz.

Lo más probable es que el número de caras y el de cruces sean muy parecidos, el 50%.

Desde un punto de vista cuántico diríamos que el estado de la moneda girando es una combinación al 50% del estado cara y 50% del estado cruz. Un estado «intermedio».

En el mundo subatómico esto es bastante común, no sólo entre dos estados ni siempre al 50%.

Vayamos al gato de Schrödinger.

Algún gracioso ha metido al gato en una caja hermética.

Dentro de la caja hay un ampolla con gas venenoso.

Un dispositivo abrirá la ampolla en un momento que escogerá al azar.

Al cabo de algún tiempo, realmente no sabemos si el gato está vivo o muerto... Lo más que podemos hacer será dar ciertas probabilidades. Parece claro que cuanto más tiempo pase, más probabilidad habrá de que haya muerto.

Para la mecánica cuántica, mientras no se mire dentro de la caja, el gato estaría en un estado «intermedio» entre vivo y muerto.

A estas alturas pensaréis que el gato está vivo o muerto y que no importa que no miremos. Seguro que el gato está en alguno de estos dos estados.

En el mundo microscópico (cuántico) la medida es un hecho extremadamente importante que incluso puede cambiar el estado de un sistema. En el mundo microscópico pueden darse estos estados intermedios mientras no se efectúe una medida (se abra la caja). Así que, hasta que no miremos, el gato está en este estado intermedio vivo-muerto.

Créanme, esto disgusta a los científicos tanto como a ustedes..., pero parece ser que así son las cosas, y deben ser los experimentos y no nuestros gustos los que den forma a nuestras teorías.

De noche, ¿todos los gatos son pardos...?, [29]

115. ¿Qué pasa si nos rompemos la columna?

Todos hemos oído hablar de la columna, un conjunto de huesos que nos mantiene derechos y hace que no nos desmoronemos en un montón de «chicha».

La columna tiene un conducto en su interior por el que circula lo que se llama la «médula espinal», un conjunto de fibras nerviosas de gran importancia.

Aunque no lo recordemos siempre, estamos cableados. La información de nuestros sentidos tiene que llegar al cerebro para ser analizada e interpretada. Las órdenes que da nuestro cerebro (consciente o inconscientemente) tienen que llegar a los músculos y a los órganos donde tienen que ser ejecutadas. Esto hace que montones de fibras nerviosas vayan de un lado a otro.

Como parece ser que el sistema está bastante centralizado en el encéfalo (cerebro, cerebelo, etc.), dentro de nuestra cabeza, muchos «cables» parten de allí y otros llegan allí. Por el cuello sale un grupo grande de nervios que bajan por dentro de la columna vertebral y se van repartiendo según los lugares a los que vayan; brazos, estómago, piernas, etc. Por la columna también se van sumando en sentido ascendente los cables que viniendo de aquí y allá traen información para el encéfalo.

¿Qué ocurriría si cortamos ese gran cable, si nos partimos la columna y se rompe? La respuesta es: depende a qué altura...

Si la ruptura es baja, sólo resultarán afectados los nervios que traen o llevan información a las piernas y habremos quedado parapléjicos. Si la ruptura es más alta, puede que también perdamos el control sobre nuestros brazos y estaremos tetrapléjicos. Si es más arriba aún, puede incluso que no seamos capaces de casi ningún movimiento, que necesitemos respiración asistida, y estaremos pentapléjicos. Por último, si la ruptura es más alta, simplemente no seremos capaces de sobrevivir.

Siendo esto tan grave es de suma importancia que tengamos mucho cuidado en situaciones como: lanzarse de cabeza al agua en sitios poco profundos o desconocidos, mover innecesariamente a accidentados de tráfico que pudieran haberse roto los huesos pero no haber «afectado a la médula», etcétera.

¿Qué es un escáner médico?, [91]

116. ¿Por qué hay fósiles marinos en el Himalaya?

¿No lo sabías?... Pues sí, resulta que hay restos marinos en el Himalaya, que para el que no lo sepa es la cordillera más alta de la Tierra, con picos por encima de los 8.000 metros y... subiendo.

La cuestión es sencilla, el sur y el norte del Himalaya son los límites de dos placas, dos «trozos» distintos de la corteza terrestre, y no siempre estuvieron unidas. Hubo un tiempo en el que entre las dos tierras emergidas se extendía un mar. A lo largo de millones de años se han ido desplazando y acabaron chocando. El impacto y el empuje posterior ha sido «suficiente» para que aparecieran 8.000 metros de roca sedimentaria y se formara esta impresionante cordillera. Por esta razón pueden encontrarse fósiles marinos a miles de metros sobre el nivel del mar.

Una curiosidad más: ya que las dos placas siguen empujando, la cordillera sigue ascendiendo, a una velocidad de algunos milímetros al año.

¿Para qué sirve la bolsa de los canguros?, [113]

117. ¿Qué son los trajes anti-G?

Nuestro organismo necesita de la circulación de la sangre para transportar el alimento y el oxígeno a todas las células del cuerpo.

El corazón es la bomba que hace circular la sangre, pero nuestro sistema ya sabe que debe empujar la sangre con fuerza hacia la cabeza y que, en cambio, la gravedad ayuda a que la sangre baje a las piernas.

Cuando estamos sometidos a grandes aceleraciones (aviones a reacción, cohetes espaciales), sentimos un empuje muy fuerte que puede ir en sentido cabeza-pies o pies-cabeza.

Normalmente los asientos se sitúan para que el sentido de la aceleración recibida sea cabeza-pies.

Si aumentamos las G's el corazón tendrá cada vez más problemas para hacer llegar la sangre al cerebro, mientras se acumula en nuestros miembros inferiores.

Dependiendo de la persona y su entrenamiento, con un número alto de G's (unas 8G's) la visión comienza a cerrarse, lo que se llama «visión de túnel», pudiendo llegar a cerrarse del todo y al desvanecimiento... particularmente peligroso si es el... piloto.

Para paliar este efecto se usan los trajes anti-G.

Estos trajes se hinchan y producen una compresión en las piernas de la persona, haciendo más fácil que la sangre alcance el cerebro y aumentando la cantidad de G's tolerable.

Si las G's son negativas el efecto es el contrario, es como si te colgaran cabeza abajo. La sangre afluye a tu cabeza en exceso y se da la «visión roja». Si nos sometemos a muchas G's o durante mucho tiempo, es probable que se rompa algún vaso sanguíneo por la presión y que tengamos un derrame cerebral.

¿Qué es la paradoja de los gemelos?, [40]

118. ¿Qué son los primeros auxilios?

No hay que confundirse, practicar primeros auxilios no es ser médico.
 El primer principio es: no producir más daño.
 El segundo: mantener a la persona con vida haciendo lo imprescindible hasta que llegue un profesional.
 Así que no se tratan infecciones, recolocaciones de huesos fracturados, ni se hace cirugía estética. En cambio hay que mantener la respiración, el corazón funcionando y la sangre dentro del cuerpo.
 Por lo tanto, elementos básicos de estas técnicas son: la hemostasia (detener hemorragias) y la reanimación cardiorrespiratoria.
 Pongamos un caso sencillo, para entender el espíritu.
 Caso: tenemos un accidentado de moto en la calzada.
 Actuación: primero, señalizamos y evitamos que se produzcan más accidentes.
 Segundo, intentaremos no mover el cuello, evitando quitarle el casco si puede respirar. Podríamos producirle paraplejia e incluso la muerte.
 Veremos si hay respiración y pulso. En caso de haberlo no practicaremos maniobras al respecto.
 Cortaremos las hemorragias y esperaremos ayuda profesional.
 Si os fijáis, nuestra actuación casi ha consistido en no hacer nada, pero en realidad hemos hecho mucho: hemos evitado más accidentes, no le hemos producido

más daño y le hemos mantenido con vida. Somos buenos socorristas.

¿Qué pasa si nos rompemos la columna?, [115]

119. ¿Cómo funcionan las pantallas de cristal líquido?

Las siglas en inglés LCD (Liquid Crystal Display).

Son muy habituales en calculadoras y pequeñas pantallas, también en monitores de ordenador y televisiones.

Consiste en un conjunto de moléculas de muchos átomos (polímeros) que pueden ser orientadas mediante pequeños voltajes.

Estas moléculas producen un efecto en la luz (giran el plano de polarización) que puede detectarse mediante unos elementos llamados polarizadores. Por no entrar en tecnicismos, diremos que hacemos pasar la luz a través de la sustancia activa. Si se ha sometido a voltaje las moléculas estarán giradas y el efecto que producen sobre la luz también habrá cambiado. A la salida del elemento se dejará pasar la luz o no, según haya sido el efecto del elemento sobre ella, y así regulamos su intensidad.

Juntando un elevado número de unidades podemos formar una imagen.

Conviven con las televisiones de plasma y en el futuro tendrán que hacerlo con otras muy prometedoras: la tecnología OLED.

¿Qué es el hormigón armado?, [169]

120. ¿Estamos enfadando a las bacterias?

Hay muchas enfermedades que están producidas por bacterias, pero también las hay que son producidas por virus (como la gripe).

Las bacterias, como el resto de los seres vivos, sufren mutaciones y cambios que, por medio de la selección natural, conducen a su evolución como especie en una dirección u otra.

Los antibióticos son sustancias que «matan» a las bacterias, pero no destruyen los virus.

Cada vez que tratamos una enfermedad bacteriana con antibióticos, estos acabarán con la mayoría o con la totalidad de las bacterias, pero también actuarán como un agente externo al que estas pueden «aprender» a acostumbrarse.

Se ha visto que van surgiendo nuevas bacterias (mutaciones de las anteriores) que desarrollan resistencia a distintos medicamentos.

Por esto es muy importante que los tratamientos se sigan en toda su extensión para acabar con todas las bacterias, y no generar cepas resistentes.

También es interesante que, en el caso de que la enfermedad sea vírica, no nos automediquemos con antibióticos, porque a los virus les dará lo mismo y estaremos «entrenando» y «mosqueando» a las bacterias que se hallen en nuestro cuerpo.

En la actualidad se siguen desarrollando nuevos medicamentos y se mira con algo de temor el futuro, por si «nos quedamos sin armas».

¿Por qué no sirven los antibióticos contra la gripe?, [187]

121. ¿Qué son las térmicas?

El aire aumenta su volumen cuando se calienta. Si queréis comprobarlo dejad un globo al lado de un radiador y veréis cómo se va hinchando más a medida que se calienta. Como la cantidad de aire que había no ha cambiado, puesto que sólo se ha expandido, lo que ha hecho es disminuir su densidad. Por esto el aire caliente «sube» y el frío «baja», porque el aire caliente es menos denso (menos masa en el mismo volumen).

Estos flujos de aire hacia arriba y abajo son corrientes térmicas o más popularmente «térmicas».

La «gente» que vuela lleva millones de años aprovechando esos flujos ascendentes para ahorrar energía. Me refiero a los pájaros, sobre todo a las grandes aves. Miradlas en campo abierto y las veréis ascender moviéndose en grandes círculos sobre esas corrientes. Últimamente otra «gente» que vuela, me refiero a las personas, ha aprendido a usar estas mismas corrientes para moverse en ligeros aparatos como planeadores, alas delta, parapentes, ultraligeros, etc. De hecho, esta última «gente» se fija en la primera «gente», entre otros indicios, para localizar térmicas y poderlas aprovechar en su ascensión.

¿Qué son los alimentos ultracongelados?, [175]

122. ¿Hay energía en el vacío?

Estas ideas vienen de la mecánica cuántica.

Uno de los resultados de la mecánica cuántica es el Principio de incertidumbre de Heisenberg. Dicho rápidamente, no podemos determinar a la vez con total precisión la posición y la velocidad (más correctamente, el momento) de una partícula.

Si no puedo determinar la posición y la velocidad, hay un estado que no es posible: estar completamente parado. Eso significaría que conocemos la posición con total precisión y sabemos que la velocidad es exactamente cero. Este estado es imposible según la mecánica cuántica.

De esta forma, el estado de menor energía posible no es tener energía cero, porque el estado fundamental siempre tendrá algo de energía. Nada se para.

Con esta visión, incluso el mismo vacío dispone de una cierta energía correspondiente a su estado fundamental. ¿Nos vale esto de algo?

Dada la correspondencia entre materia y energía, sería posible que esta energía del vacío (la «nada») se convirtiera en un par partícula-antipartícula y de esta forma surgiera materia de la aparente «nada».

Como dice un amigo, al que le guste la magia que estudie Física.

¿Qué es un hecho científico?, [132]

123. ¿Qué es «romper aguas»?

Cuando estamos en el útero materno nos encontramos dentro de una «bolsa» (saco amniótico) que está llena de un líquido llamado líquido amniótico.

La cantidad de líquido aumenta durante el embarazo hasta aproximadamente dos meses antes del parto, alcanzando 800 ml.

En el momento del parto hay algo más de medio litro (600 ml).

El feto está constantemente «respirando» y tragando este líquido que expulsa también al «espirarlo» y hacer «pis».

Este líquido cumple varias funciones fundamentales.

Amortigua movimientos bruscos o golpes.

Permite que el feto se mueva y el correcto desarrollo de los músculos y los huesos.

Mantiene la temperatura del feto en unos márgenes adecuados.

Permite el desarrollo de los pulmones.

Una pequeña extracción de líquido (amniocentesis) se lleva a cabo, a veces, para tomar datos del feto; desde el sexo hasta posibles problemas médicos.

Cuando el parto se acerca el saco amniótico se rompe y el líquido es expulsado. A este proceso se le llama «romper aguas». Este hecho y el parto no tienen por qué sucederse inmediatamente, pueden pasar incluso algunas horas... aunque en vuestro caso, yo me daría un poco de prisa en llegar al médico...

¿Qué es la fontanela?, [102]

124. ¿Mejor o Peor?

Esta pregunta puede no ser la más relevante en un entorno tecnológico.

Vayamos a los ejemplos.

Los cables que llevan la electricidad por tu casa están recubiertos por un aislante y dentro llevan el metal por el que circula la electricidad.

Este metal es el cobre.

En un primer momento podríamos creer que la razón para usar cobre es que el cobre es el material que mejor conduce la electricidad, pero no es cierto.

Hay otros materiales que la conducen mejor...

Por ejemplo, la plata.

Por lo tanto el cobre no es el «mejor conductor», pero sí resulta ser la solución que más se adecua, teniendo en cuenta todos los factores: abundancia, coste, manejabilidad, etc.

De la misma manera, la mejor cocina del mundo puede no ser la que mejor se adapte a tus necesidades, posibilidades o espacio, y un millón de ejemplos más..., tantos como problemas particulares se te ocurran.

Una solución... para cada problema, «la mejor» según las condiciones dadas... pero probablemente no para todos los casos. La clave es la adaptación.

¿Son justas las votaciones?, [53]

125. ¿Lo normal? Diferencias y parecidos

«Lo normal» es una expresión de la que se abusa.
Tengo dos piernas, lo normal.
Tengo dos ojos, lo normal.
La primera expresión no sería escuchada en un foro de hormigas como lo normal...
Y desde luego la segunda tampoco lo sería en un foro de arañas...
Es cierto que he extremado un poco los ejemplos, pero nuestras costumbres, que nos parecen normales, nuestras formas de vestir, comer, etc., que pasan en nuestras regiones por «normales», son de lo más exótico simplemente con viajar unos cientos de kilómetros en cualquier dirección.
Y si nos comparamos con el resto de seres vivos veremos que las diferencias que expresamos son enormes. ¿Qué tenemos que ver con las bacterias que viven en las fumarolas volcánicas a 80º C, o con las moscas, o con los perros...?
Así que, por favor, dejemos de usar esta expresión tan «normal», salvo en los casos en los que esté bien claro el contexto...
Aunque...
Esperad un momento... ¿Qué tienen que ver las bacterias de las fumarolas conmigo?... Pues sí que tienen que ver.
El ADN.
Vaya, sí que hay algo que sea «normal» a toda la vida que conocemos en el planeta (excepción de algunos virus, que como «vida» son discutibles). Lo que compartimos

todos es el ADN. Toda la vida que hay aquí, tan distinta en apariencia, está basada en la misma molécula de ácido nucleico, usa las mismas reacciones químicas y las mismas moléculas orgánicas para expresarse. Al final vamos a ser primos o algo así.

Tan distintos y al final... tan parecidos. ¿Habrá alguna otra rama de la familia?

¿Qué es la campana de Gauss?, [33]

126. ¿Cómo es el interior de la Tierra?

Aunque antiguas leyendas y escritores de ciencia ficción nos dicen que la Tierra está hueca y que incluso hay «inquilinos», si nos limitamos a la explicación que admite la ciencia, diremos que el interior de la Tierra es, principalmente, roca fundida.

Nadie ha estado allí, ni tiene pinta de que se pueda... pero esto es lo que la ciencia opina.

Hay fundamentalmente cuatro capas: la corteza, el manto, el núcleo externo y el núcleo interno.

La corteza es roca sólida sobre la que vivimos, está partida en placas que se mueven sobre la roca fundida del manto. Su grosor varía, según las zonas, entre 10 y 50 km aproximadamente.

El manto es roca fundida y constituye la mayor parte del interior del planeta, no presenta una composición ni una densidad constantes; se distinguen varias secciones y zonas de transición. En este fluido se dan corrientes de convección que se consideran las causantes de los movimientos de las placas de la corteza. Se extiende entre los 50 y los 2.890 km de profundidad.

El núcleo externo también es roca fundida, fundamentalmente compuesto por hierro y níquel; se extiende entre los 2.890 y los 5.150 km de profundidad aproximadamente. Teorías bastante extendidas apuntan a las corrientes de metal fundido en esta zona como el «gran electroimán» que produce el campo magnético terrestre.

El núcleo interno es la parte más interna, una esfera sólida de hierro y níquel de unos 2.400 km de diámetro, entre los 5.150 y los 6.370 km de profundidad. Se piensa que la altísima presión que se produce en el centro de la Tierra es la que ha solidificado el núcleo interno.

En nuestra experiencia sólo hemos podido perforar ligeramente la corteza, por lo que las consideraciones sobre las capas internas vienen del estudio de meteoritos y del comportamiento de las ondas sísmicas al atravesar el planeta, como si le hiciéramos una enorme ecografía a nuestra madre Tierra.

¿Qué es el campo magnético de la Tierra?, [193]

127. ¿Qué es la constante de Planck?

Max Planck contribuyó enormemente al inicio y desarrollo de la Física cuántica, por lo que tan importante asunto lleva su nombre.

Es esta una costumbre muy de la ciencia, honrar a sus «héroes» poniéndoles sus nombres a fórmulas, unidades, constantes, etc. (el newton, el hercio, el amperio, etc.).

La constante de Planck se representa con la letra h, aunque también se usa con mucha frecuencia ℏ, lo que se denomina «constante de Planck reducida» (ℏ = h / 2 ⊠).

No se asusten... pero tengo que poner su valor, es poesía pura.

$h = 6,6261 \cdot 10^{-34}$ J·s.

Si dedicaran su tiempo a la cuántica..., cosa que no sé si aconsejar, la verían aparecer en multitud de fórmulas y lugares, de la forma más natural.

La constante de Planck es una de esas cosas que forman parte de nuestro universo, que no son particulares de este planeta o sistema solar. Es una constante universal.

Por citar algunas fórmulas conocidas en las que aparece tenemos el famoso Principio de incertidumbre de Heisenberg o la fórmula de la energía de un cuanto de luz.

Aunque sea un poco atrevido, si intentamos dar un sentido intuitivo a la constante de Planck, sería una «medida absoluta de escala». Nos da un punto de comparación para ver si un sistema es macroscópico o microscópico, si se comportará de manera clásica o de manera cuántica. Esta comparación no la haremos directamente con longitudes; hay que combinar los valores de distintas magnitudes de ese sistema.

Es lo que diríamos un punto absoluto de referencia en nuestro universo, de igual manera que ocurre con la velocidad de la luz. Ir más o menos rápido, comparado con la velocidad de la luz, delimita si el sistema será clásico o relativista.

¿Está vacío el vacío?, [177]

128. ¿Cómo hacer la respiración artificial?

Si una persona no respira, el oxígeno no llegará a su cerebro y tendremos un cadáver al cabo de unos cinco minutos; o un vegetal, comatoso, o una persona con daños irreparables en algunos minutos menos.

No va a venir un médico antes, no vendrá una ambulancia... Estás solamente tú.

Aprendamos esta sencilla técnica, igual salvamos una vida algún día... ¡ahí es «na»!

Primero, comprobamos que no hay respiración.

Segundo, liberamos las vías respiratorias de posibles obstáculos (con los dedos si son accesibles, maniobra de Heimlich, etc.).

Tercero, liberamos el último obstáculo: la lengua que cae tapando la faringe. Para hacer esto con el accidentado tumbado, echamos su cabeza hacia atrás de manera que se extienda el cuello. Una manera sencilla es con una mano en la frente y otra bajo el cuello. Naturalmente no haremos esto si sospechamos que el accidentado ha podido fracturarse el cuello o la columna (accidentes de carretera, por ejemplo).

Cuarto, tapamos la nariz y cubrimos herméticamente su boca con la nuestra soplando.

Para ver que está funcionando fíjate en que el pecho (no el estómago) se hinche al soplar.

Esto debe hacerse una vez cada cinco segundos aproximadamente. Combinándolo con el masaje cardiaco en el caso de que tampoco haya latido. Aunque no es infrecuente encontrar accidentados que sólo están en parada respiratoria.

Esta técnica se llama respiración boca a boca, pero no es la única. Hay algunas otras que están pensadas especialmente para determinados tipos de accidentados (por ejemplo, ahogados, electrocutados, etc.).

Debe mantenerse hasta que llegue un profesional (se ha recuperado a gente incluso con una hora de reanimación). En cualquier caso recordaremos a un médico que me dijo un día: «¿Quién no se merece veinte minutos?».

Si sentís asco por el contacto bucal, o bien hay sangre o heridas de por medio, pero seguís interesados en salvar una vida, podéis usar un plástico con un agujero para minimizar el contacto con el accidentado... pero vamos, haced el favor de echar una mano.

¿Qué es la maniobra de Heimlich?, [80]

129. ¿Qué es el suelo radiante?

Pensemos un momento en nosotros: ¿qué preferimos, la cabeza caliente y los pies fríos o viceversa?

Ahora pensemos en nuestros sistemas de calefacción, unos módulos que calientan el aire. Esperamos que este aire nos caliente a nosotros.

Sabemos que el aire caliente sube, así que si midiésemos la temperatura de nuestra habitación a distintas alturas, tendríamos mayor temperatura en las cercanías del techo. En suma... la cabeza caliente y los pies fríos.

¿No podríamos hacer que el calor «saliese» del suelo y que la sensación térmica fuera más agradable?

Desde luego que sí, dos opciones rápidas.

La primera, un hilo que se caliente al paso de la corriente eléctrica, como en las estufas eléctricas.

La segunda (más barata), un tubo de agua caliente que discurriera bajo el suelo.

Otro factor a favor de esta solución frente a la tradicional consiste en la temperatura de trabajo. En nuestros radiadores nos movemos en unos márgenes de 90º y 70º aproximadamente. Para el suelo radiante las temperaturas rondan los a 50º, con lo que el gasto al calentar el agua que circula por los sistemas es menor.

Hay muchas otras ventajas: efecto acumulador del propio suelo, menos sequedad en el aire, etc.

Esta forma de calefacción se convierte en casi la única viable para locales de gran altura como naves industriales, estaciones, etc.

Pero no crean que esto es el triunfo de la ciencia moderna... Los romanos dejaban un espacio bajo el suelo y hacían discurrir humo, producto de la combustión de paja... Lo llamaban «la gloria». Imagínense.

¿Qué es una cortina de aire?, [191]

130. ¿Qué es la penicilina?

La penicilina es una sustancia que ha salvado miles de vidas a lo largo del siglo XX.

Flemming observó que alrededor de cierto hongo, *Penicilium notatum,* el crecimiento bacteriano se inhibía. Estudios posteriores le indican que este hongo libera una sustancia que es la que produce la inhibición: la llama penicilina.

De esta forma nace el primer antibiótico (literalmente *anti-vida*), y comienza la lucha contra las bacterias.

La forma de actuación consiste en el debilitamiento de la pared celular, de manera que al intentar dividirse estas mueren.

Algunas personas pueden mostrar alergia a esta sustancia y sus derivados, debiendo utilizar otros antibióticos.

Un efecto mucho más preocupante es la resistencia a la sustancia que están desarrollando ciertas cepas de bacterias, haciendo que se haga necesario el desarrollo de otros antibióticos. La resistencia bacteriana es el simple efecto de la evolución: un ser vivo sometido a un entorno irá seleccionando las mutaciones que más favorables sean para sobrevivir en ese entorno.

Esta «escalada armamentística» entre las bacterias y los medicamentos es una guerra que no podemos perder... porque perderíamos.

¿Qué son los ácaros?, [192]

131. ¿Qué es una constelación?

Un poético invento, podríamos decir...

El cielo nocturno está plagado de estrellas, aunque a veces no las veamos desde nuestras iluminadas ciudades, y es muy difícil decidir cuál es cuál, así que las hemos ido agrupando a lo largo de miles de años según nuestra imaginación nos dictaba: esto se parece a un pez, esto a una cabra...

Algunos de estos grupos de estrellas sí que son realmente un grupo más o menos cercano, pero otros no tienen nada que ver.

Imaginemos que ponemos dos luces a mucha distancia. Si alguien toma una de las luces y se la lleva más lejos, pero aumenta su brillo, podría hacernos pensar que las dos luces siguen una al lado de la otra. Con las estrellas pasa lo mismo. El hecho de que a nosotros desde montones de años luz de distancia nos parezca que pertenecen al mismo grupo de «amigas» no quiere decir que estén más o menos cerca.

Por poner un ejemplo, las estrellas que forman una de las más famosas constelaciones, la Osa Mayor, están bastante alejadas unas de otras y su apariencia sería bien distinta si la pudiésemos ver desde otro punto de la galaxia.

¿Cómo viven las estrellas?, [54]

132. ¿Qué es un hecho científico?

En multitud de ocasiones se confunde la verdad con la verdad científica, identificándolas.

Los hechos científicos son aquellos de los que la ciencia se ocupa y, por suerte o por desgracia, no comprenden el total de lo que ocurre en este universo o en mi propia casa.

Hay dos características que definen un hecho científico.

Ser reproducible.

Ser independiente del observador (objetivo).

Objetivo como contrario a subjetivo (dependiente del sujeto que lo realice).

Por lo tanto, cualquier cosa de la que no me puedan dar una «receta» que yo haga en mi laboratorio y me salga «lo mismo» no constituiría un hecho científico... Será verdad o mentira, pero no es un hecho científico.

Así, experiencias internas, religiosas, únicas... quedan fuera del ámbito científico.

Efectivamente, no le diré que no se le apareció tal o cual santo, ni tal o cual extraterrestre. Simplemente le diré que, sin la aportación de hechos reproducibles y objetivos, la ciencia no se ocupará de aquello... no que no pueda ser verdad.

A favor de la ciencia diremos que esta actitud ha librado y libra al mundo y a personas demasiado inocentes de estafadores, supersticiones y demás.

Además estén tranquilos; la pelea entre las religiones que se ocupan de lo espiritual y la ciencia se resuelve así: se ocupan de distintos hechos y de distintos fenómenos. «Dad a Dios lo que es de Dios y al César lo que es del César».

Sin duda alguna, se puede ser científico y religioso.

¿Mejor o Peor?, [124]

133. ¿Por qué nos quema el sol en la nieve?

Como las quemaduras solares suelen ocurrir en verano, algunas personas pueden asociarlas con la temperatura ambiente, pero esto no es así.

Las quemaduras se producen por la luz ultravioleta que llega a nuestra piel, a veces a capas bastante internas (en las quemaduras más graves).

Cuando estamos en la nieve la temperatura es bastante baja, pero eso no quiere decir que el día no esté soleado.

Muy soleado o no, resulta que el suelo es «blanco», lo que hace que una parte apreciable de la luz que llega al suelo resulte reflejada... Nos «cocinaremos» por los dos lados.

Es imprescindible por lo tanto que se use una protección solar elevada en la cara y una protección labial. Supongo que no habrá mucho más al aire.

Debemos hacer hincapié en lo mismo que cuando se trata de las quemaduras de verano: pueden ser profundas, dolorosas y graves. Son causa de envejecimiento prematuro de la piel y el exceso de radiación ultravioleta contribuye a aumentar la probabilidad de tener cáncer de piel.

¿Por qué la nieve es blanca?, [1]

134. ¿Por qué las antenas parabólicas son parabólicas?

La parábola es una curva con una forma parecida a una *U,* pero cuyos brazos se van abriendo más y más. Desde el punto de vista matemático pertenece a una familia de curvas que se llaman cónicas porque se obtienen cortando un cono con un plano (sus hermanas: hipérbola, circunferencia y elipse). Es una curva muy interesante, pero comentaremos sólo una de sus propiedades.

Hay un punto relacionado con la parábola, de una importancia crucial; se llama foco. Este punto estaría más o menos en la parte interior de la *U,* enfrente de la curva y a la misma distancia de las dos ramas.

Hagamos una parábola, o mejor, hagamos como un recipiente con forma de parábola (un paraboloide), como un vaso cuyo perfil es una parábola, ¡vaya!, como una antena parabólica.

Pintémoslo de plateado y pongamos una bombilla justo en el punto que hemos llamado foco.

La curiosa propiedad de la parábola hace que los rayos de luz que salen del foco reboten en la superficie del paraboloide y salgan todos «de frente», paralelos.

De la misma manera, rayos que vengan paralelos hacia el paraboloide rebotarán en su superficie y se dirigirán al foco. (Así es como se enciende la antorcha olímpica en Olimpia: se pone la antorcha en el foco y los rayos solares concentrados por el paraboloide son capaces de encenderla.)

Nuestras antenas parabólicas tienen el receptor colocado en el foco también, de manera que las ondas que vienen paralelas se concentran en el foco y son recibidas por el receptor. Cuando se usan para emitir, simplemente hay que invertir los caminos.

Seguro que ya te haces a la idea de que la mayor parte de los recubrimientos interiores de faros, linternas, etc. deben aprovecharse de esta propiedad. ¿No has visto también micrófonos para captar conversaciones que tienen una antena parabólica para concentrar la señal?

¿Por qué algunos líquidos suben solos?, [137]

135. ¿Qué hacen los osos en invierno?

Habréis oído que hibernar... pero los osos no hibernan.

Hibernar consiste en reducir grandemente la temperatura corporal y el metabolismo a un mínimo. Algunos animales, siempre de pequeño tamaño lo hacen, el mayor de unos 5kg, la marmota alpina. Por encima de ese tamaño no es energéticamente rentable. El oso se conforma con una hipotermia superficial.

El objetivo es superar un periodo hostil en el entorno en el que el animal se desenvuelve, un tiempo de duras condiciones ambientales y escasez de alimentos. Sin duda parece muy inteligente «abrigarse» y reducir los gastos.

Otros animales son capaces de llegar a grados más extremos de «paciencia». Uno de los casos más curiosos es el de las bacterias que «suspenden» sus actividades vitales en medios hostiles durante incluso miles de años.

¿Cómo medir la edad de un árbol?, [61]

136. ¿Qué son los terremotos?

La Tierra es un cuerpo geológicamente activo. La parte más exterior (la corteza), aunque es de roca sólida, está fragmentada en «trozos» que llamamos placas. Bajo la corteza se encuentra una capa llamada manto que está formada por roca fundida (como la lava de los volcanes). Las placas de la corteza «flotan» sobre este líquido y se desplazan. En su movimiento se separan o chocan. Cuando chocan, a veces los bordes se levantan y forman cordilleras (terrestres o submarinas), otras veces una de las placas se introduce bajo la otra, etc.

Aunque estos movimientos son lentos, hay veces en las que se producen sacudidas o desplazamientos más rápidos por la acumulación de energía. Estos son los terremotos. La vibración provocada se transmite por la corteza pudiendo alcanzar puntos muy distantes.

Se denomina hipocentro al punto bajo tierra donde se originó la sacudida y epicentro al punto sobre la superficie justo encima del hipocentro. La magnitud del terremoto se mide según un número en la llamada escala de Richter.

Los efectos del terremoto dependen principalmente de la magnitud de este y de la distancia a la que nos hallemos del epicentro, aunque no hay que olvidar que la construcción previsora de edificaciones y el nivel económico de la región suelen influir enormemente en los desastres y el número de víctimas.

Como dijimos antes que los terremotos estaban provocados por los movimientos de las placas, son mucho más frecuentes e intensos en las zonas «frontera» entre placas. Un claro ejemplo es el llamado cinturón de fuego que comprende la costa oriental del continente americano, la costa occidental del asiático y Oceanía.

¿Qué es la escala de Richter?, [168]

137. ¿Por qué algunos líquidos suben solos?

Tomad un vaso o un tubo lo más estrecho que podáis.

Llenadlo de agua y mirad cómo se comporta la superficie del agua al contactar con la pared del recipiente.

Ahora diremos lo que pasa, para los que leáis en el metro.

Las moléculas de agua se atraen entre sí y ya sabemos que eso hace que se formen gotas que se unen unas a otras.

También es cierto que el agua y otras sustancias establecen fuerzas de atracción entre ellas. Por eso hay materiales que se mojan y otros que no.

Volvamos a nuestro recipiente. La superficie forma una *U* ya que el agua en su contacto con la pared sube en cierta medida por ella, a causa de la atracción aguavidrio. A esto se le llama menisco cóncavo.

Este tipo de menisco es una indicación de que la atracción agua-vidrio es mayor que la atracción agua-agua.

Si hiciésemos el mismo experimento con mercurio (mejor no, que es tóxico), o si encontráis un recipiente de un material que no se moje, veréis un menisco convexo.

Para los que estén en la cocina... igual engrasando un poco las paredes del recipiente con mantequilla... pero creo que podemos entenderlo sin hacer tantas guarrerías.

Resumiendo, el agua se siente atraída por el vidrio, así que sube por la pared, pero a la fuerza de gravedad esto no le tiene que hacer mucha gracia. La columna de agua tiene un cierto peso y por eso no puede subir mucho.

¿Qué pasaría si el recipiente fuera muy estrecho y la columna por lo tanto pesara poco?

Pues eso que estás pensando: el agua sube por el tubo a una cierta altura, a pesar, o si lo prefieres en contra, de la gravedad.

Sin poner fórmulas, dicen que en un capilar de vidrio de 0,1 mm de diámetro el agua puede subir como treinta centímetros.

Convéncete: busca el tubo más estrecho que tengas y métalo en un vaso lleno de agua, verás cómo el agua sube un poquito por arte de magia.

Así es como algunas estructuras vivas o sustancias porosas absorben líquidos y los «suben» sin hacer esfuerzo.

¿Qué es la fuerza centrífuga?, [189]

138. ¿Qué es el tiempo de reacción?

Si queremos agarrar algo al vuelo, a veces pasa demasiado rápido.

Si algo nos quema tardamos un momento en retirar la mano.

¿De dónde viene ese retardo y a qué es debido?

En todos estos casos hay dos señales que deben enviarse: el estímulo que viene de los sentidos (la temperatura, la visión del objeto), y la orden que viaja a los músculos.

Estas señales viajan por los nervios (sensitivos o motores) en forma de impulsos eléctricos, pero no se mueven a la velocidad de la luz. La velocidad depende del tipo de nervio, sus dimensiones y otros factores, pudiendo variar entre algunos metros por segundo y unos cien metros por segundo.

En el primer caso, cuando agarramos algo al vuelo, la señal que se origina en nuestros ojos debe viajar por los nervios ópticos (sensitivos) hasta nuestro cerebro, donde es interpretada. En nuestra corteza cerebral originamos una respuesta voluntaria que viaja por los nervios motores hasta los músculos de nuestro brazo. Todo este proceso toma un tiempo.

En el segundo caso todo ocurre más rápido. Esto es debido a que se trata de un acto reflejo, en el que la respuesta se origina en la médula (en el interior de la columna) sin necesidad de que la señal alcance el cerebro. Aún así, también necesita su tiempo.

Hagamos un juego.

Toma un billete (de otro si es posible) y sujétalo de un extremo con dos dedos. Vamos a dejarlo caer.

Necesitamos un colaborador, pondrá sus dedos índice y pulgar a ambos lados del billete (como una pinza) a la altura de la mitad del billete por debajo de nuestros dedos.

La cuestión es que, cuando yo suelte el billete, el colaborador intentará cerrar sus dedos y cogerlo al vuelo. Le podéis decir que si es capaz de hacerlo puede quedarse con el billete, pero, cuidado, debe cerrar sus dedos después de que vea que tú lo soltaste.

El tiempo que tarda la información en alcanzar su cerebro y este en producir la respuesta es suficiente para que el billete sobrepase su alcance. Probadlo.

En la conducción se ha visto que el tiempo que tardamos en pisar el freno desde que vemos un obstáculo ronda el segundo, lo que a 120 km/h nos haría recorrer unos 33 metros... y ahora lo que tarde el coche en frenar... Pensad en ello.

¿Cómo funcionan las pantallas de cristal líquido?, [119]

139. ¿Qué es una resonancia magnética?

Desde siempre tenemos ganas de echar un vistazo dentro del cuerpo.
El problema es que hay que abrir...
Los rayos X han sido un gran avance. Ahora podemos ver huesos, prótesis, objetos ingeridos, etc.
Aunque los rayos X son tan penetrantes que no nos permiten ver con claridad los tejidos blandos: músculos, cartílagos, etcétera.
Para poder acceder a estas imágenes, la resonancia ha sido otra revolución.
El verdadero nombre es RMN, Resonancia Magnética Nuclear.
Lo primero es explicar brevemente el fenómeno de la resonancia.
Hagámoslo con un experimento.
Ate una bolita a un cordel.
Sosténgala y hágala oscilar. Debe hacerlo a un determinado ritmo.
Reduzca o aumente la longitud de la cuerda y verá que el ritmo cambia. Esa es su frecuencia natural, para cada longitud.
Si se golpea a distinto ritmo la mano que sujeta el cordel, verá que la bolita no se mueve mucho, a no ser que lo haga con una frecuencia parecida a su frecuencia natural. Pruebe.
Todas las cosas vibran y tienen su frecuencia natural (o frecuencias) a la que responden mejor. Esta respuesta buena a un estímulo que tenga su frecuencia natural se llama resonancia.

Lo que hace la Resonancia Magnética Nuclear es mandar un campo electromagnético sobre un objeto a distintas frecuencias. En unas zonas se producirá resonancia a unas frecuencias y en otras zonas a otras, dependiendo de la composición del objeto.

Detectando esas resonancias y componiendo una imagen con los valores obtenidos conseguimos un mapa interior del objeto.

Hay otros sistemas que no usan la resonancia del núcleo, pero este es el más popular.

¿Qué es la endoscopia?, [153]

140. ¿Qué son los genes dominantes y los genes recesivos?

Nuestra información genética se guarda en el ADN.

Allí hay pequeñas secciones, los genes, en las que se codifica la información referente a... todos los procesos biológicos, hasta donde sabemos.

Los genes van de dos en dos (en su mayoría). Hay una pareja de genes para definir, por ejemplo, cada característica física (color de ojos, grupo sanguíneo, etc.).

Si los dos genes dicen «A», pues A.

Si los dos genes dicen «B», pues será B.

¿Qué pasa cuando un gen dice «A» y otro «B»?

Depende de la característica que se regule y de las variedades de esa característica. Se pueden dar dos situaciones.

1. La codominancia. Se expresan factores que corresponderían a ambos tipos, A y B.

2. El carácter dominante-recesivo. Uno de los tipos se expresará totalmente y el otro quedará latente.

En el caso de la sangre, cuando coinciden un gen del grupo A con un gen del grupo B, el individuo tendrá el grupo AB, en el que las células expresan algunas características de ambos grupos.

En cambio, cuando coinciden un gen A o B con un gen O, el gen O queda latente (inexpresado), siendo el individuo del grupo A o B, con todas sus características.

La única manera de tener un grupo sanguíneo O es que ambos genes sean del grupo O.

Estos comportamientos fueron observados por Mendel, a quien puede considerarse el padre de la genética, en sus famosos experimentos con guisantes (amarillos o verdes, lisos o arrugados).

No hay que olvidar que esos genes recesivos pueden transmitirse a los descendientes y que se expresarán si se encuentran con otro gen recesivo.

Así que, si hijos de padres de ojos marrones tienen ojos azules, no se preocupen... pero pregunten por si acaso.

¿Qué es el síndrome de Down?, [90]

141. ¿Qué es la quiralidad?

Miremos nuestras manos.
¿Son iguales? No, son simétricas.
A la izquierda del dedo medio de la mano derecha está el índice, pero a la izquierda del dedo medio de la mano izquierda está el anular.

Es la misma simetría que la de un espejo; la mano izquierda es la imagen especular de la mano derecha.

Prueba con un espejo. Mira el reflejo de tu mano derecha en el espejo y verás que es... una mano izquierda.

Los jugadores de aquel popular juego de ordenador, en el que iban cayendo piezas que había que encajar, recordarán que había parejas de piezas que parecían iguales pero que no cabían en los mismos lugares. En realidad tenían esta misma simetría quiral.

Las moléculas orgánicas tienen estructuras tridimensionales y, en algunas ocasiones, se pueden dar dos versiones de una misma molécula que presentan este tipo de simetría.

Volvamos al ejemplo de las manos. ¿Puedes ponerte un guante de una mano en otra? No, ¿verdad?

En el cuerpo sucede igual; las enzimas o los lugares donde deben acoplarse sustancias de este estilo no funcionarán de manera equivalente para las dos moléculas simétricas, normalmente no funcionarán para un tipo y sí para otro.

El azúcar común, la glucosa, presenta este tipo de simetría. Tiene formas D y L, identificables según su comportamiento a la luz polarizada.

De manera natural la forma D es la más común, aunque se pueden preparar artificialmente las dos.

Los organismos sólo son capaces de procesar la forma D y moriríamos de hambre si nos alimentasen sólo con glucosa L, porque no tenemos «los guantes» adecuados.

Hay una cuestión pendiente aún. Estas dos formas simétricas de la molécula son energéticamente equivalentes. ¿Por qué la naturaleza escogió una forma en vez de la otra? Esto es lo que se denomina «ruptura espontánea de la simetría». Ya sabemos su nombre... pero no su porqué.

¿Por qué las pompas y burbujas son redondas?, [67]

142. ¿Qué es la alergia?

Nuestro cuerpo, como todos los sistemas biológicos que conocemos, establece una frontera entre el entorno y su «interior».

No se puede vivir en un aislamiento total, así que a través de esta frontera se intercambian sustancias y calor.

Es de suma importancia la vigilancia de esta frontera para evitar la entrada de sustancias o agentes que resulten perjudiciales. De todo esto se ocupa el sistema inmune.

La alergia es una reacción ante una determinada sustancia que el sistema inmune considera en ese momento como una amenaza, aunque realmente en estos casos la verdadera amenaza resulta la desmedida respuesta del propio sistema inmune.

Las reacciones comunes son bien conocidas:

Por inhalación: tos, estornudos, moqueo, congestión nasal, que en casos muy graves pueden llevar a la asfixia.

Por ingestión: dolor abdominal, vómitos, diarreas, que también en casos graves pueden llegar de nuevo a ser mortales.

Por contacto (con los metales, por ejemplo): picores, erupciones, etc.

Cuando se dan alergias a medicamentos, es frecuente que se comprometa la salud de todo el cuerpo con síntomas globales, también de potencial mortalidad.

El mejor tratamiento es evitar el elemento alergénico, pero si no es grave pueden tratarse los síntomas con un antihistamínico, por ejemplo, debido a que muchos de los síntomas son producidos por la liberación de una sustancia llamada histamina a cargo de células del sistema inmune.

Las alergias pueden ser congénitas o adquiridas. Se puede tener alergia a las sustancias más diversas: el polen (de una o varias plantas), polvo, medicamentos, metales, etc.

No me resisto a daros este consejo. Es corriente en verano la proliferación de abejas y avispas, que buscan sustancias azucaradas para su sustento. Una de estas sustancias puede ser perfectamente el refresco que queda en la lata abierta de la que estamos bebiendo. A veces, sin que nos demos cuenta, se cuela una en la lata..., algo de lo que nos hacemos conscientes cuando recibimos la picadura dentro de la boca o en la lengua. Ya sabemos que hay personas que son particularmente sensibles a estas picaduras o incluso alérgicas. La picadura puede ocasionar una hinchazón tal que obstruya las vías respiratorias y la persona... se muera. Así que es un fácil y buen consejo poner un tubo en la boca de manera que si las vías respiratorias se hinchasen hasta ese punto la persona pudiera seguir respirando... Bueno, dicho queda.

¿Qué son los puntos de presión arterial?, [85]

143. ¿Por qué el mar está salado?

Hay preciosas y divertidas leyendas sobre jarrones mágicos arrojados al mar y cosas por el estilo... pero seamos más científicos.

El agua que llega al mar lo hace a través de ríos, arroyos, etc. que llevan consigo sales minerales disueltas.

Toda esta agua deposita los minerales en el mar y cuando se evapora no los arrastra consigo, así que la cantidad de sales se incrementa.

También hay que incluir las sustancias que provienen de las reacciones químicas de los organismos que habitan en el mar.

Y, desde hace unos años, se conoce que, a través de las fisuras en el fondo marino y de los límites de las placas tectónicas, se produce un contacto con el magma del interior de la tierra, y con ello un aporte de sustancias químicas al océano.

Siendo similar la concentración de sales en toda el agua marina, puede sufrir variaciones locales dependiendo de las corrientes oceánicas, el nivel de evaporación, etc.

¿Cómo respiran los peces?, [59]

144. ¿Qué es la materia oscura?

A veces los científicos eligen nombres rimbombantes para cosas de las que realmente se ignora la mayor parte.

A veces los legos olvidan que darle un nombre a algo no es comprenderlo.

Las observaciones del espacio, los movimientos de las estrellas y galaxias nos llevan a calcular la masa-energía que debe haber por allá.

Resulta que la materia que podemos ver, la que emite luz, es una fracción muy pequeña de toda esa que se considera que debe estar.

Por lo tanto, postulamos que debe haber una materia que no estamos viendo, la materia oscura, pero que tiene que estar ahí, porque podemos ver los efectos gravitatorios sobre la masa que sí vemos.

No se sabe con seguridad de dónde viene esa masa. Algunos piensan que quizá la pequeñísima masa de una abundante familia de partículas llamadas neutrinos podría ser el origen.

Tampoco debemos quitarle su mérito. Este es uno de los primeros pasos de los grandes descubrimientos. Alguien se para y dice: «Eh, un momento, ahí falta una pieza... Busquémosla».

¿Qué es la Vía Láctea?, [101]

145. ¿Qué son las lentes intraoculares?

El ojo es un sistema óptico parecido a una cámara de fotos.

La luz entra por un orificio (pupila) y atraviesa una «lente» (el cristalino) que la enfoca sobre una superficie fotosensible (la retina).

Nuestros ojos no hacen como las cámaras, que cambian el tamaño del objetivo; divertida imagen. ¿Cómo conseguimos entonces enfocar imágenes más cercanas o lejanas?

El cristalino es la clave. Esta lente orgánica no es rígida, sino que puede cambiar su forma, cambiando también sus propiedades ópticas.

Con la edad se va perdiendo esta adaptación («vista cansada» o presbicia) y, en algunas personas, se desarrolla una enfermedad, llamada cataratas, en la que el cristalino se vuelve opaco.

En estos últimos casos, se opera extrayéndose el cristalino y se sustituye por algo parecido a una lentilla, pero que ocupará la posición en la que estaba el cristalino.

Se puede además modificar esta lente para que corrija los posibles defectos que tenía el ojo (miopía, astigmatismo, etc.).

Debido a que esta lente no tendrá la capacidad de adaptación que tenía nuestro cristalino, necesitaremos gafas «para cerca».

¿Qué es un electrocardiograma?, [186]

146. ¿Qué es el láser?

Aunque láser ya se ha convertido en una palabra habitual, realmente es un acrónimo que viene de Amplificación de Luz por Emisión Estimulada de Radiación, en inglés: Light Amplification by the Stimulated Emission of Radiation.

La luz láser se distingue por varias características: está muy colimada (los haces son muy finos y estrechos), es monocromática (de un color muy puro) y coherente (luego te digo qué es esto… paciencia).

Esto es difícil de apreciar a simple vista (salvo la colimación).

Pero si hacéis incidir la luz sobre cualquier superficie apreciaréis también que, en el pequeño círculo de luz que se forma, parece que hay como puntitos de luz, como si la superficie fuera muy rugosa (aunque no lo sea). Este efecto es debido a la coherencia de la luz... pero como no sabes lo que es...

Ahora explicaremos cómo se produce la luz láser.

Imagina una fila de personas sentadas en sillas.

El estado fundamental (menos energético) es que estén sentadas.

Necesitan energía para levantarse (pasar al estado más energético).

Pongamos una pared a cada lado de la fila.

Vamos a representar la energía por pelotas (aunque de buenas maneras...).

Una persona se acerca a la fila por detrás y da una pelota a alguna persona de vez en cuando. La persona toma la pelota y se pone de pie (cambia de estado).

Al cabo de algún tiempo la persona suelta la pelota hacia un lado, de manera que pasa por delante de la fila, va y viene, rebotando en las paredes.

Toda esta historia de pelotas... simboliza la emisión «normal». Un sistema recibe energía, cambia de estado, y al cabo de cierto tiempo la emite.

Imagina que uno de la fila está en su estado excitado (con su pelota) y hay una pelota que pasa por delante de su posición. Esta persona se ve «estimulada» y lanza su pelota en la misma dirección, velocidad..., «a la vez». Esto es lo que llamamos «radiación estimulada».

Dicho ahora en términos físicos, si el átomo, molécula, etc., está en el estado excitado y entra en contacto con radiación, existe la posibilidad de que emita radiación y baje al estado inferior.

Para que se vea estimulado la radiación debe tener la misma frecuencia que la de la radiación que emite ese átomo de manera natural. También ocurre que la onda que pasaba por allí y la que se emiten son coherentes (¡por fin!)... Para no liarlo mucho diré que se parecen mucho a dos serpientes que fueran una al lado de la otra como «gemelas».

Volvamos a nuestras pelotas...

Ahora tenemos dos pelotas rebotando entre las paredes pero, cuando pasan delante de una persona que esté «de pie», hay una probabilidad no nula de que lance también su pelota... y ya tendríamos tres.

Si queremos que esto siga, debemos seguir «bombeando» (dando pelotas) a las personas que van bajando al estado inferior.

Con el tiempo tenemos un montón de pelotas que van rebotando todas «a la vez» entre las paredes.

Si abrimos una pequeña trampilla en una de las paredes, algunas de las pelotas saldrán y tendremos una emisión láser... de pelotas.

En realidad estas paredes son espejos que hacen rebotar la radiación y la obligan a pasar de nuevo por el medio que estamos excitando, de manera que se sigue estimulando más radiación que se emite coherentemente.

Para que la radiación salga al exterior y se pueda tener el famoso «rayo láser», uno de los espejos se hace no totalmente reflectante.

Los medios que estimulamos pueden ser muy variados. El primero se hizo con un rubí, pero también se pueden hacer con gases (como el conocidísimo de helio-neón de color rojo), o con líquidos, como los láseres de colorante. Los más modernos, pequeñísimos, que tenemos en llaveros, punteros, etc., están hechos con semiconductores.

Las aplicaciones son innumerables, y dependen grandemente de la potencia que se use. Pueden localizar puntos con gran precisión o incluso cortar metales, en medicina, comunicaciones y en muchos otros campos.

¿Cuánto dura la información en los medios de registro?, [56]

147. ¿Por qué llevan tacos las botas de fútbol?

¿Por qué los futbolistas o los deportistas que juegan sobre hierba llevan tacos en sus botas?

Si alguna vez habéis tratado de correr sobre hierba, sobre todo cuando está húmeda, e íbais calzados con zapatillas normales o zapatos..., vuestras posaderas podrán hablarnos del resultado. Está demasiado resbaladiza.

Para aumentar el agarre, debemos aumentar la presión sobre el suelo.

La presión tiene que ver con la fuerza que se hace y la superficie sobre la que se aplica. A mayor fuerza mayor presión, a menor superficie mayor presión. Por eso podemos clavar un clavo, por su punta afilada.

Como la fuerza que ejercemos es nuestro peso, no podemos hacer nada con este factor.

Pero podemos aumentar la presión si reducimos la superficie de nuestra suela. Poniendo tacos, la superficie sobre la que hacemos presión será la suma de los «círculos» de la base de todos los tacos que llevamos. De esta forma los tacos se «clavarán» en el suelo.

¿Cómo aceleran su giro los patinadores?, [106]

148. ¿Qué es una hernia?

No hablaremos aquí de la hernia de disco, que es diferente.

Aquí hablamos de esos bultos que aparecen comúnmente en la zona inguinal, el ombligo, etc.

Sus poseedores son capaces, a veces, de volverlas a introducir con algo de presión. Si son pequeñas y no muy graves, resultan indoloras. Aunque son progresivas y se van agravando con el tiempo.

¿Qué son?

Digamos primero que el cuerpo está «lleno de cosas», no hay muchos huecos. En particular nuestro vientre está lleno de intestinos. Recordad que tenemos varios metros.

Entre «las tripas» y la piel tenemos la musculatura. Esta musculatura a veces se debilita; por la edad, la falta de tono o alguna patología. Las hernias inguinales o las de ombligo se deben a que en esas zonas hay ciertos «huecos naturales» en la musculatura. El caso del ombligo viene de nuestro pasado fetal. En las hernias inguinales (las más abundantes con mucho en los hombres) hay un conducto por el que, en los hombres, discurre un canal espermático, y un ligamento en las mujeres.

Antes era frecuente el uso del braguero, especie de faja que sujetaba «aquello» en su sitio. En la actualidad las hernias son con frecuencia fácilmente operables.

Una grave complicación de las hernias, si no se tratan, es lo que se llama «estrangulación». La musculatura oprime la parte de intestino que se encuentre fuera, y resulta extremadamente grave.

¿Qué es la alergia?, [142]

149. ¿Por qué jadean los perros?

Es una característica muy típica de estos animales. Por la excitación o con muy poco ejercicio se ponen a jadear «mucho».

Este «mucho» está sin duda referido a lo que jadeamos nosotros, ¿verdad?

Es cierto, no jadeamos... pero sí que sudamos.

La regulación de nuestra temperatura se hace, en condiciones de esfuerzo, mediante la sudoración. Nuestras glándulas sudoríparas humedecen nuestra piel y esa humedad, al evaporarse, nos refresca.

Los perros no sudan y, para poder obtener esa refrigeración, utilizan la evaporación de la saliva de su lengua.

¿Qué es la quiralidad?, [141]

150. ¿Qué es «arriba» y qué «abajo»?

Es quizá un buen momento para recordar aquella vez en que alguien nos contó que la Tierra era redonda y que había gente que vivía en el otro extremo.

«¿No se caen?»... «¿Si están cabeza abajo?»...

No hay duda de que los niños del otro lado de la Tierra preguntaban lo mismo a sus padres.

En el espacio exterior no hay arriba ni abajo, en el vacío no hay nada que distinga una dirección de otra. Sin ninguna masa a la «vista» cualquier dirección es igual que otra. En Física se dice que el espacio es isótropo. «Igual da para acá que para allá».

Cuando estamos en presencia de una masa, en nuestro caso la Tierra, el verdadero significado de «abajo» es la dirección que apunta hacia el centro de la Tierra (simplificando un poco la geometría terrestre). Y podemos darnos cuenta de que la recta que pasa por el centro de la Tierra, si estamos en Madrid, no tiene nada que ver con la recta que pasa por el centro de la Tierra si estamos en Nueva York.

Los objetos «caen» hacia el centro de la Tierra, independientemente de que los tiremos desde España o Australia. De hecho, si se pudiera hacer un túnel que fuera desde un extremo hasta otro de la Tierra y arrojáramos un objeto, este iría cayendo hacia el centro del planeta cada vez más rápido hasta que pasara por el mismo centro. A partir de ahí iría frenando (¡porque realmente ahora va subiendo!) hasta llegar a la superficie del otro lado, donde... si no lo coge nadie... volvería a «caer subiendo» hasta nosotros.

¿Qué es la curvatura del espacio?, [162]

151. ¿Se mueve la luz en línea recta?

¿Sorprendidos? ¿No es eso lo que veis vosotros?

¿Qué ocurre cuando la luz que va por el aire entra en el agua? Vemos que en los dos medios se desplaza en línea recta, pero cuando cambia de sustancia la recta se «dobla», cambia el ángulo, fenómeno que se llama refracción.

En otras situaciones, cuando miramos algo a través de aire caliente que sube de un fuego o de una carretera en verano, las imágenes están borrosas y parece que se mueven. En los espejismos el efecto es mayor aún. La luz no se desplaza en línea recta.

¿Qué criterio sigue la luz para desplazar en línea recta o curvar su trayectoria?

Como la línea recta es el camino «directo», el más corto entre dos puntos, estamos acostumbrados a que ese camino sea el más fácil.

La luz, además de avanzar una cierta distancia, también se las tiene que ver con la sustancia que está atravesando (aire, agua, etc.). Esa sustancia tiene unas ciertas propiedades ópticas, que se agrupan en magnitudes como el índice de refracción (n).

Este índice de refracción puede ser constante para todo el material, o tener valores distintos para distintos caminos, o incluso ser distinto en cada uno de los puntos de la sustancia. Esto tiene que ver con lo homogéneo y simétrico (a nivel microscópico) que sea el objeto.

Igual que nosotros, al escoger un camino para movernos por la ciudad, tenemos en cuenta la distancia, pero también el tráfico, si hay que pasar por zonas de pago, qué tal se aparca, etc., porque lo que queremos minimizar es el tiempo invertido, la luz va modificando su trayectoria para minimizar no la longitud del camino, sino el «coste óptico», que también tiene que ver con la «reacción» del material. Por lo tanto, veremos curvarse los rayos de luz cuando pasen por medios que presenten variaciones en su índice de refracción en sus distintos puntos. En cambio, si el índice es igual en todos los puntos, minimizar el «coste óptico» equivaldrá a minimizar la distancia y nos encontraremos de nuevo con rayos «rectos».

Estas propiedades que usamos a nivel macroscópico realmente tienen su origen en la interacción microscópica que tiene lugar entre la luz (tomada como radiación, como onda) y los átomos que componen la sustancia. Los rayos y sus leyes son aproximaciones que usamos a nuestra escala macroscópica.

En esta pregunta sólo hemos considerado la luz como un rayo. Si la hubiésemos considerado una onda, a nuestro tamaño, tendríamos propagación no rectilínea, fenómenos de interferencia y difracción... pero esa es otra historia.

¿Cómo funciona la fibra óptica?, [42]

152. ¿Qué es la diabetes?

Sabemos que los azúcares, en particular la glucosa, son la principal fuente de energía que usamos.

Los azúcares deben estar presentes en la sangre para poder ser utilizados por los músculos, las células en general y en particular el cerebro, que es un gran consumidor de recursos (aunque por los resultados no siempre lo parezca).

El cuerpo regula esta presencia de azúcar, liberando más cantidad en sangre o retirándola. Esta regulación se desarrolla a partir de una sustancia llamada insulina, que se produce en una glándula llamada páncreas.

Un exceso o una gran escasez de azúcar en sangre puede provocar un estado de shock, que en los casos más graves puede conducir incluso a la muerte. Hay personas que no son capaces de regular correctamente estos niveles: los diabéticos. Estas personas suelen llevar consigo caramelos o algún dulce para, en el caso de que el problema sea shock hipoglucémico (falta de azúcar), poder paliarlo. Algunos médicos aconsejan que se le dé el caramelo incluso sin saber si el shock es por exceso o defecto, ya que en el caso del exceso no aumentará apreciablemente el problema y en el caso de que sea por defecto podremos hacerle un gran bien.

La diabetes puede darse en distintos grados. Estos enfermos deben cuidar su dieta e incluso las horas a las que comen y en qué cantidades lo hacen. Algunos de ellos deben incluso inyectarse insulina en cantidades y periodos concretos.

La diabetes puede ser congénita o adquirida, habiendo bastantes casos que se producen a edad avanzada.

En los últimos tiempos hay un gran clima de esperanza a la luz de los nuevos descubrimientos sobre células madre. La idea consiste en regenerar las zonas del páncreas donde se produce la insulina con tejido nuevo.

Hasta entonces, al menos, hemos sustituido la insulina de cerdo, que se usaba antes, por la que producen bacterias genéticamente modificadas.

¿Por qué hay piedras en el riñón?, [47]

153. ¿Qué es la endoscopia?

Endo quiere decir dentro, interior. *Scopeo* ver, mirar. Endoscopia = «mirar dentro».

Con el desarrollo de la fibra óptica conseguimos que la luz vaya a través de un hilo de plástico y salga por el otro lado aunque el hilo esté curvado.

En medicina esto ha sido una revolución. Ahora podemos echar un vistazo al interior del estómago sin tener que «abrir».

A través de los orificios corporales se puede acceder a montones de lugares interesantísimos para diagnósticos tempranos y exactos. Lo dejo a la imaginación...

Para otro tipo de operaciones que también exigían «cortar» montones de tejidos y capas distintas hasta poder acceder al punto deseado, se han desarrollado técnicas de nombres similares: laparoscopia, artroscopia, etcétera.

En estos casos se hacen unos pocos «agujeros», depende de la operación; hay que meter la fibra que nos da la imagen, el tubo con las «miniherramientas» para poder operar, etc. Como en el interior del cuerpo está todo «apretado», se introduce gas para que el médico pueda actuar con comodidad, y se realizan operaciones de manera mucho menos invasiva.

Se ha reducido el impacto sobre el cuerpo, el tiempo de estancia hospitalaria, etc.

Es fácil que conozcas a alguien que se haya beneficiado de estas técnicas o puede que incluso sea tu caso. Simplemente imagina de qué otra manera podría haberse llevado a cabo la intervención y esa es la mejor imagen que te puedo dar del enorme avance que ha supuesto.

¿Qué es la nanotecnología?, [81]

154. ¿Quién les ha dado chicle a las vacas?

¿Quién les ha dado chicle a las vacas?... Seguro que es una pregunta que algún hijo le ha hecho a sus padres.

A veces estos animales rumiantes dan una impresión como de «pocas luces», mirándonos con esa cara y ahí «dale que dale».

Pero tengamos un punto de vista abierto... ¡son héroes!

Nosotros somos muy listos y muy activos... comemos alimentos ricos en proteínas y nutrientes, como unos buenos filetes. Comemos unas pocas veces al día y el resto del tiempo... pues a pasarlo bien.

Los rumiantes se han empeñado en comerse el paisaje, se pasan todo el día pastando y gran parte del resto del tiempo masticando.

La cuestión es que para obtener todo lo necesario de los vegetales hace falta comer mucha cantidad y además ser capaz de extraerlo.

Cuando nos dicen que los vegetales tienen mucha fibra y son buenos para el tracto intestinal es porque precisamente toda esta fibra..., como entra, sale. No somos capaces de digerirla.

En concreto nuestra amiga la vaca, en su cruzada para no comerse a nadie, dispone de cuatro estómagos, y manda la comida «para arriba y para abajo» intentando sacarle todo el jugo. Incluso así, se ve obligada a hacer un poco de trampa, alojando en sus estómagos bacterias que la ayudan rompiendo largas cadenas moleculares que constituyen la celulosa.

Así que saludemos a la vaca y a sus amigos rumiantes con el respeto que merecen por su esfuerzo para no comernos a nosotros y dedicarse al paisaje, que su trabajito les cuesta.

Hoy en día sabemos que hay personas que han elegido eliminar la carne de su dieta, en casos más radicales incluso la leche, los huevos y cualquier derivado animal. No se mueren, pero sí deben ser cuidadosos con su alimentación porque no resulta tan fácil como en una alimentación omnívora el obtener todos los nutrientes necesarios. Digamos que ser vegetariano no es imposible, pero hay que hacerlo con los debidos vigilancia y asesoramiento.

¿El mejor hilo del mundo? La tela de araña, [163]

155. ¿Cuál es el origen de la Luna?

Ahí está, pero... ¿de dónde viene?
No estamos seguros, aunque tenemos algunas teorías. Citaremos las más conocidas.

Fisión: cuando la Tierra se estaba formando —metal fundido, altísimas temperaturas—, y al irse condensando, giraba a tanta velocidad que parte de la materia fundida comenzó a separarse y se formaron dos «bolas».

Impacto: en algún momento, durante la formación de la Tierra, un gran objeto (de un tamaño similar a Marte) golpea nuestro planeta y «arranca» un trozo que queda en órbita, la Luna, la teoría más popular actualmente.

Captura: un objeto errante pasa cerca de la Tierra, tanto que no es capaz de escapar de su atracción y queda orbitando en torno a ella.

Hay otras que postulan que desde el principio de la formación de la Tierra se formaba también la Luna, que fueron pareja desde jovencitas.

Hay factores a favor y en contra de todas ellas y su popularidad varía con el tiempo. Depende del experto con el que se hable.

Factores para tener en cuenta, entre otros, son: la diferencia de composición entre los dos astros, y sus particulares disposición y tamaño relativo; la Luna es muy grande comparada con otros satélites del sistema solar. Se dice que la pareja Tierra-Luna se parece bastante a un planeta doble.

El único caso parecido en el sistema solar es el de la pareja Plutón-Caronte, pero téngase en cuenta que últimamente incluso se discute la condición de planeta de Plutón.

¿Por qué hay una cara oculta de la Luna?, [202]

156. ¿Qué es la corrosión?

Los metales suelen encontrarse oxidados en la naturaleza. Nosotros nos empeñamos en purificarlos, pero hay una tendencia natural a volver a su estado oxidado.

Es esta oxidación la que llamamos corrosión, que como sabréis depende grandemente de las condiciones ambientales de temperatura, humedad, etcétera.

Para evitarla podemos controlar la atmósfera o modificar las piezas, por ejemplo recubriéndolas con un metal que no se oxide, o cuyo óxido constituya una capa protectora para el interior. Tenemos el aluminio, que se oxida inmediatamente al contacto con el aire, de manera que queda cubierto por una capa (no porosa) de óxido, y de esta forma protege el material interior.

En los barcos, al estar sumergido el casco, se da un fenómeno muy particular con lo que se ha llamado «ánodo de sacrificio».

Se atornilla al casco del barco un metal distinto al del barco cuya reacción de corrosión sea más «favorable» desde el punto de vista químico (lo que técnicamente tiene que ver con el potencial de oxidación).

Curiosamente, el metal del que está hecho el barco y el ánodo de sacrificio no se corroen proporcionalmente a su potencial, sino que sólo se corroe el que tiene más «facilidad»: el ánodo de sacrificio. Sólo tendremos que sustituirlo por otro trozo «nuevo», cuando esté bien estropeado, porque el casco de nuestro barco permanece intacto, esperando pacientemente «su turno».

¿Por qué el mar está salado?, [143]

157. ¿Por qué roncamos?

Ya sé que la pregunta que os hacéis es «¿por qué no dejará de roncar?», pero igual contestamos a ambas.

En la parte posterior del paladar, por donde anda la campanilla, hay una zona que se llama paladar blando que puede vibrar con el paso del aire.

Dejando aparte causas puntuales, como enfermedades, el roncador crónico adolece de otros problemas como pueden ser: estrechamiento de los conductos, paladar hiperdesarrollado, falta de tono muscular en lengua, etcétera.

Aparece con mucha mayor frecuencia en hombres, aunque lleva al sufrimiento de ambos sexos. En casos extremos el ruido puede ser equivalente al de un camión.

En ocasiones el roncador deja de hacerlo a intervalos porque se bloquean sus conductos y queda durante unos segundos sin aire (apnea). Los episodios pueden repetirse incluso cientos de veces en cada noche. Este efecto es de lo más peligroso. Produce desde una falta de descanso constante hasta enfermedades cardiacas, infartos o trombosis cerebrales.

Si el caso es grave debe ser tratado por un médico, pero algunos consejos para disminuir los ronquidos pueden ser los siguientes: disminución del peso, no fumar ni beber (sobre todo antes de dormir), no dormir boca arriba, evitar cenas excesivas, o elevar ligeramente la cabecera de la cama.

¿Otro «calor humano»?, [97]

158. ¿Qué son las redes neuronales artificiales?

El funcionamiento de nuestro cerebro está producido por unas células muy especiales llamadas neuronas.

Estas células tienen varias «entradas» y una «salida».

Reciben impulsos de otras neuronas por sus «entradas» (dendritas) y emiten un impulso por su «salida» (axón).

La salida de cada neurona se conecta a las entradas de otras muchas.

De esta forma se genera una tupida red de conexiones por las que los impulsos viajan sin que seamos capaces de entender su propósito.

El impulso que sale de la neurona es el resultado del procesamiento de la información que le entra por las dendritas.

A partir de todo esto... surge nuestra memoria, capacidad de calcular, de reconocer objetos, el habla, etcétera.

Algunos incluso dicen que de todo esto surge nuestra conciencia y lo que somos.

Todo este trasiego y procesamiento de la información escapa a lo que somos capaces de entender.

Una de las razones por las que no llegamos a entenderlo consiste en que nuestro pensamiento consciente es «secuencial»: pensamos una cosa y luego otra. En cambio, en las redes neuronales, el procesamiento de la información se hace en «paralelo»: «todo a la vez».

La gran mayoría de los ordenadores que construimos son secuenciales, y han demostrado superar a nuestro cerebro en velocidad de cálculo miles de millones de veces.

En cambio, nuestro «sencillo» cerebro supera con creces a los ordenadores en tareas como el reconocimiento de objetos, caras, o el reconocimiento del habla.

Hay otras tareas, como estas últimas, que responden mucho mejor al procesamiento paralelo. Esto ha hecho que se construyan artificialmente (con circuitos eléctricos) redes de unidades que funcionan de manera similar a las redes neuronales. Un ejemplo más de inspiración biológica.

Sus usos, aparte de los mencionados, se extienden desde el tratamiento de señales hasta la predicción de morosidad en créditos bancarios.

Este campo ha conseguido grandes éxitos y también ha ayudado a una mejor comprensión de los mecanismos naturales, y sigue siendo de enorme atractivo para científicos de diversas disciplinas: matemáticos, ingenieros, biólogos, etcétera.

Un efecto muy curioso sobre las redes neuronales es el siguiente:

Nos enfrentamos a un problema que no sabemos resolver, que no sabemos explicitar en variables y en sus interacciones.

Construimos una máquina (una red neuronal) que, una vez que la entrenamos para resolver el problema, somos incapaces de explicar los flujos de información que por ella discurren.

Resumiendo: tenemos un problema que no sabemos resolver, construimos una máquina que lo resuelve, pero en ese momento ya no sabemos cómo funciona la máquina. De alguna forma, la ignorancia se conserva...

¿Qué es un semiconductor?, [173]

159. ¿Para qué vale la joroba del camello?

Lo primero: camello, dos jorobas; dromedario, una.

No es una reserva de agua, como a veces se dice, sino de nutrientes (de grasa).

Así que no perforéis una joroba esperando que brote un chorro de agua, cosa que sí puede hacerse con determinadas plantas y cactus.

El aprovechamiento del agua se da por una mayor actividad renal y algunas particulares características de sus células, etc.

Estos animales son capaces de vivir cerca de un mes sin alimentarse ni beber, aunque en este proceso pierden cerca de un tercio de su masa corporal, principalmente de la joroba.

Esta es sólo una de las múltiples adaptaciones que presentan ante las extremas condiciones ambientales de los desiertos, que van desde una tan sencilla y tan útil como las membranas interdigitales para andar mejor sobre la arena hasta algo tan elaborado como la capacidad de aumentar su temperatura corporal para minimizar la transpiración.

¿Por qué no se gasta el agua?, [5]

160. ¿Qué es una supernova?

Es una de las muertes más escandalosas del universo.

Ocurre cuando una estrella muy masiva ha agotado el hidrógeno que alimentaba sus reacciones de fusión nuclear.

Primero se da una contracción del núcleo y una expansión de las capas exteriores en un estado que se llama gigante roja.

Después de esto la presión en el núcleo alcanza un estado insostenible y se da una enorme explosión.

Maticemos enorme...

Las que ocurren en otras galaxias cercanas pueden observarse por su enorme brillo desde la Tierra. Los efectos en los alrededores deben de ser espectaculares.

En el siglo XI astrónomos chinos observaron una que era visible en pleno día a simple vista.

En las múltiples observaciones que se hacen en la actualidad puede verse cómo el brillo de la supernova llega en ocasiones a igualar el brillo del resto de la galaxia donde se halla.

La supernova no es una verdadera muerte... Según sea la masa que reste después de la explosión la estrella evolucionará hacia una estrella de neutrones (menos de 3 masas solares aproximadamente), o a hacia un agujero negro (más de 3 masas solares).

Se cree que es la manera en la que los distintos elementos de la tabla periódica que se generaron por fusión nuclear en la estrella consiguen repartirse por el universo.

¿Son las órbitas circulares?, [60]

161. ¿Cómo funciona un pararrayos?

El rayo es una descarga que se produce entre la parte inferior de las nubes y el suelo.

Esta descarga es causada por la diferencia de carga que aparece, y que genera un enorme voltaje entre ambos.

La corriente que se genera buscará el camino más fácil (de menor resistencia eléctrica) para alcanzar el suelo.

El aire es un material que presenta una alta resistencia eléctrica (si no, se gastarían nuestras pilas a través de él), así que el rayo está «deseando» encontrar un camino de menor resistencia.

Podría ser una persona de pie en un campo, un árbol, una torre de alta tensión o un edificio.

En todos estos casos la caída de un rayo no nos resulta ventajosa.

Pongámosle un «camino de rosas», una «alfombra roja» al rayo. Un puesto elevado con una barra metálica, que además se acompaña con una excelente conexión a la tierra.

De esta manera los rayos que se generen en una determinada área buscarán el pararrayos y quedaremos libres los demás de su peligro.

Por otra parte se da un efecto por el que se ioniza el aire alrededor del pararrayos y ese aire viaja hacia la nube compensando la diferencia de carga y reduciendo la cantidad e intensidad de los rayos.

¿Qué es un eclipse solar?, [20]

162. ¿Qué es la curvatura del espacio?

Vivimos en un espacio de tres dimensiones: altitud, anchura y profundidad, pero para poder entender este asunto imaginemos que nuestro mundo es de dos dimensiones, como si viviésemos sobre una manta.

Imaginemos que la «manta» está completamente plana y que lanzamos una bola en cualquier dirección. Es fácil pensar que la bolita se moverá en línea recta.

Imaginemos ahora que dejamos una pelota sobre la manta mientras alguien la sostiene por sus extremos. Nuestro «espacio» está deformado.

Si ahora lanzamos una bolita, su trayectoria no será recta, sino curvada, como si se sintiera atraída por la pelota. Probadlo. Su movimiento se parece bastante a la dinámica gravitatoria planetaria.

Esto mismo es lo que quiere decir Einstein con lo que en Relatividad General se llama Principio de Equivalencia. Según esto se puede considerar el movimiento planetario como si las masas se atrajeran entre sí, o como si las masas «deformaran» el espacio y las partículas siguieran trayectorias «normales» en «mantas deformadas».

Lo difícil de ver en nuestro caso es cómo se deforma nuestro espacio de tres dimensiones, porque nos haría falta poder imaginarnos una cuarta dimensión espacial para ver la deformación. Por esto usamos el ejemplo de dos dimensiones, en el que se ve claramente.

Un hecho que apoya esta idea es la observación de cómo se curvan los rayos de luz al pasar cerca de estrellas, como nuestro Sol. Imaginemos el escenario. Sobre la misma línea tú, el Sol, y detrás una estrella. Los rayos que nos alcanzarían directamente no pueden llegar porque el Sol está en el medio, pero los rayos que van algo desviados resultan curvados al pasar cerca del Sol y llegan hasta nosotros, como si fueran un asteroide que pasa cerca de la estrella. Dado el brillo del Sol, estas observaciones se hacen durante los eclipses.

¿Qué es la materia oscura?, [144]

163. ¿El mejor hilo del mundo? La tela de araña

Es un hecho bien conocido que las arañas tejen telas… Aquí no está la sorpresa.

Por la parte posterior de su abdomen producen unas fibras muy delgadas y resistentes que, además, resultan muy pegajosas.

Las arañas tejen telas, en algunos casos marañas, en las que esperan que queden atrapados insectos que les servirán de alimento.

En algunas especies también utilizan estas estructuras como «nidos» para sus crías.

El hecho de mencionarlas en este libro se debe a que estas fibras tienen una relación peso / resistencia / elasticidad mejor que… ¡la nuestra!

Si pudiésemos usarlas para tejer chalecos antibalas, pesarían mucho menos y serían más resistentes que los que somos capaces de construir.

Si recordamos la seda y sus espectaculares características (fibra que también aparece por la retaguardia de algún otro bicho: el gusano de seda), estaréis de acuerdo conmigo en que esta naturaleza nuestra, en teoría debido al azar y la selección natural, es capaz de generar estructuras y sustancias que nosotros «adrede» no alcanzamos a igualar... al menos por el momento.

¿Qué es una especie invasora?, [75]

164. ¿Las plantas se mueven?

Claro que lo hacen, pero su «ritmo de vida» es más lento que el nuestro.

Los movimientos se conocen como tropismos y tactismos. En el primer caso, se trata de movimientos que se producen sólo en partes del vegetal y, en el segundo, de movimientos que involucran a todo el individuo. Cuando hablamos de plantas superiores los más habituales son los tropismos.

Los tropismos responden a estímulos externos y pueden ser positivos o negativos, según estos estímulos produzcan un movimiento de acercamiento o de alejamiento.

Se puede hacer una sencilla clasificación según el estímulo que provoca el movimiento.

Fototropismo, cuando el estímulo es la luz.

Ejemplo: hojas que crecen o se orientan hacia la luz. Cambiad la orientación de un tiesto en vuestra casa y lo veréis.

Geotropismo, cuando se debe a la gravedad.

Ejemplo: es un ejercicio muy divertido. Poned una judía en un vaso de cristal, rodeada por algodón humedecido. Al cabo de unos días comenzará a aparecer la raíz. Cambiad ahora la orientación de la judía y dejad pasar otros días; veréis cómo la raíz de nuevo busca la dirección «hacia abajo».

Hidrotropismo, movimiento debido al agua.

Ejemplo: también habitual en las raíces. Estas van encontrando las zonas del suelo donde hay más humedad.

Quimiotropismo, movimiento debido a distintas sustancias químicas.

Ejemplo: también observado en las raíces. En su aspecto positivo, cuando en el suelo encuentra sustancias necesarias para su vida, la raíz se mueve.

Tigmotropismo, movimiento debido al contacto físico.

Por un lado las famosas enredaderas presentan un tigmotropismo positivo. «Abrazan» otras plantas u objetos. En cambio las raíces evitan piedras y obstáculos para mejorar su funcionamiento.

Ya veis qué vida tan agitada la de las plantas...

¿Quién les ha dado chicle a las vacas?, [154]

165. ¿Qué es la catalepsia?

También llamada muerte aparente, mal rollo.

Resulta que tu cuerpo suspende sus funciones y tiene toda la pinta de estar muerto. Algunos que luego se recuperaron dicen que mantenían la conciencia, mal rollo otra vez.

La gracia es que espontáneamente se recupera de nuevo el estado normal. Lo que tiene menos gracia es que cuando «te recuperas» igual ya te han enterrado, hecho la autopsia o incinerado... muy mal rollo...

Las personas que sufren de este mal suelen llevar algún documento encima identificándose como enfermos... algo así como «tú déjame a mi ritmo que ya me apaño yo...».

Si queréis un poco de regodeo alrededor de esto hay un escalofriante relato de Edgar Allan Poe sobre el tema, poco recomendable para impresionables.

Esta muerte aparente se detecta sin problemas a la vista del encefalograma, ya que las funciones cerebrales no se pierden, pero… a ver… ¿Cuántos millones de personas hay en el mundo? ¿Cuántos encefalógrafos?...

Se cree que muchas leyendas sobre muertos vivientes en años pasados han surgido al desenterrar a personas y encontrarlas retorcidas (o al descubrir arañada la tapa del ataúd) y sobre todo con cara de… «¡me habéis enterraaaao, puñeteros!».

Disculpas por el humor negro, pero algo había que hacer para suavizar esto… Venga, léete otra más alegre.

¿Qué son los primeros auxilios?, [118]

166. ¿Qué es el método científico?

«Nos han nacido» en medio del mundo sin darnos muchas explicaciones.

A nosotros nos toca hacernos una composición de qué es y cómo funciona.

Hay muchas maneras de acercarnos a esta comprensión, si es que es posible.

En la antigüedad estos intentos se hacían por medio de mitos o religiones que se ocupaban tanto de la espiritualidad como de la ciencia.

Algo muy importante en estos acercamientos es definir cuál es el criterio de verdad: me lo creo porque lo dice «Pepito», me lo creo porque me lo dice «Dios», me lo creo porque lo veo, etc.

En el método científico el criterio es el experimental. Es el experimento el que decide qué es una verdad científica y qué no lo es.

Así, se dice habitualmente que las etapas del método científico son:
–Observación.

–Elaboración de hipótesis.
–Experimentación.
–Comunicación.

Se observan los hechos a los que todos podamos acceder (los llamados hechos científicos), se elaboran hipótesis y modelos que intentan explicar los hechos observados, se contrastan con nuevos experimentos y, si son consistentes, se comunican al resto de la comunidad científica.

En el caso de que las hipótesis no sean consistentes, o bien con el tiempo se descubran nuevos hechos que las invaliden, deben ser desechadas sin demasiado apego, junto con las teorías que deban ser revisadas, como si fueran escaleras que ya no necesitamos más.

El último punto, la comunicación, es el que crea la cultura científica y hace que no tengamos que volver a descubrir la rueda en cada generación... y en particular es el que nos ocupa en este mismo momento... y la que nos ocupó en *Por qué el cielo es azul*.

¿Qué es la navaja de Ockham?, [13]

167. ¿Qué son los extremófilos?

A veces pensamos que todos los seres vivos sobre la Tierra gustan de las mismas condiciones medioambientales que nosotros.

A veces incluso pensamos que cualquier ser vivo posible debe ser similar a nosotros.

Pero la propia Tierra es un lugar increíble para encontrar seres vivos que viven en situaciones que se nos antojan tan hostiles que nadie se ocupó de buscarlos allí hasta hace bien pocos años.

Estamos hablando de lugares como Riotinto, en Huelva (España), en el que hay una gran concentración de mercurio (muy tóxico, como sabemos), fumarolas de volcanes submarinos (a temperaturas superiores a cien grados centígrados), etc.

Otro impresionante ejemplo de resistencia vital son las bacterias que soportaron el viaje a la Luna, en el vacío y con una alta radiación, lejos de la protección de la atmósfera y el campo magnético terrestre.

Estos seres que se desarrollan en ambientes extremos (extremófilos) abren interesantísimas posibilidades de hallar vida en otros lugares de nuestro propio sistema solar o en el resto del universo, no quedando la vida limitada a las particularísimas condiciones que nos agradan a los humanos o a los mamíferos.

Durante los últimos años, se ha desarrollado una ciencia multidisciplinar que se ocupa de la búsqueda de vida extraterrestre, llamada astrobiología. Podéis encontrar a sus devotos analizando con detalle estos extremófilos quizá en búsqueda de cuáles son los elementos primordiales, irrenunciables para que pueda darse la vida.

¿Hay animales limpiadores?, [182]

168. ¿Qué es la escala de Richter?

Es la escala más habitual para medir la magnitud de los terremotos. No debe confundirse con la intensidad con la que se notarán a distintas distancias, que se mide con la escala Mercalli.

La escala Richter no es una escala lineal (un terremoto de 3 no es tres veces más intenso que uno de 1), sino logarítmica. *Grosso modo,* diremos que una unidad más sería como añadir un cero más a la energía que libera (diez veces más).

Para que nos hagamos una idea veamos esta correspondencia entre los números de un terremoto y los daños más habituales que ocasiona.

Menos de 3,5	Casi imperceptible (registrable por aparatos).
3,5-5,4	Perceptible, causa daños menores.
5,5-6,0	Pequeños daños en los edificios.
6,1-6,9	Puede ocasionar graves daños en zonas pobladas.
7,0-7	Terremoto importante, con daños graves.
8 o mayor	Gran terremoto, destrucción total en las proximidades.

¿Se mueven los continentes?, [183]

169. ¿Qué es el hormigón armado?

El hormigón es esa mezcla de cemento, áridos (arena y grava) y agua en determinadas proporciones, de color gris, con el que hacemos gran parte de nuestras construcciones.

El hormigón es muy resistente a la compresión. Por eso es tan utilizado como pilar para soportar el peso de la estructura.

Pero el hormigón no soporta tan bien la tracción (digamos «tirar» uno de cada extremo). Por esto el hormigón «solo» no es un buen material para hacer un tensor o para una viga.

Las vigas (elementos horizontales) están sometidas a un esfuerzo que se llama flexión, y que en ciertas partes del elemento consiste en una tracción. Para ver esto mejor imagina un palo de goma y cárgale peso encima. Si miras el palo por debajo verás que está siendo estirado.

Si las vigas se hicieran simplemente de hormigón se romperían por debajo al no soportar bien la tracción.

Para evitar esto en las vigas de hormigón se colocan (antes de echar la mezcla y de que fragüe –se endurezca–) longitudinalmente barras de acero que son bien resistentes a la tracción (por eso también se hacen los cables de acero).

De esta manera, cuando en el material se produce algún esfuerzo de tracción, son las barras de acero las que lo soportan. En cambio, es el hormigón el que aguanta los esfuerzos de compresión.

Esta «pareja» funciona muy bien y por eso podéis ver en vuestras ciudades multitud de ejemplos del hormigón armado.

¿Por qué las antenas parabólicas son parabólicas?, [134]

170. ¿Qué son las series radiactivas?

Es de conocimiento popular que hay sustancias que emiten radiactividad. Lo que quizá no sea tan conocido es que esas sustancias cuando emiten la radiación se transforman en otras.

No es una reacción química, por ejemplo, si sometemos el agua a una corriente eléctrica, separamos los elementos que la componen: hidrógeno y oxígeno podrían volver a unirse de nuevo para formar la molécula de agua otra vez.

Cuando se produce radiactividad, más exactamente cuando se dan reacciones nucleares, los elementos se transforman, se transmutan, se convierten en otros elementos químicos diferentes. El sueño de los alquimistas.

Por ejemplo, cuando el uranio emite radiación se convierte en torio.

El torio tampoco es un elemento estable, así que volverá a emitir radiación y se convertirá en otra sustancia. Estos procesos siguen, aunque el tiempo que lleva hacer cada paso es muy distinto, desde millonésimas de segundo hasta miles de millones de años. A estas cadenas de padres e hijos se las llama series radiactivas.

Se conocen cuatro series radiactivas, una de las cuales (comienza en el neptunio y termina con el bismuto) se supone ya extinguida al ser de periodos de desintegración cortos comparados con la edad de la Tierra.

De las otras tres, dos comienzan con distintas variedades (isótopos) del uranio y otra con una variedad de torio. Terminan todas en distintas variedades del plomo.

Por esto los residuos nucleares siguen emitiendo radiación. Están formados por distintos hijos de las distintas series, que seguirán transmutándose y emitiendo radiación. Los periodos de desintegración de unos u otros hijos marcan que los residuos nucleares sean de «corta» o «larga» vida.

¿Qué es la tabla periódica?, [46]

171. ¿Cómo se taponan los oídos?

Esta desagradable sensación puede deberse a varias causas:
1. Algún tipo de inflamación o enfermedad.
2. Tapones de cera.
3. Sensación momentánea.

Desde el agujero que empieza en la oreja hasta el tímpano, que es como el parche de un tambor, hay un pequeño conducto.

En este conducto hay vellosidad y se segrega una sustancia que llamamos cerumen..., que seguro todos conocemos.

Esta sustancia mantiene controlado el acceso de elementos indeseados exteriores, como hacen los mocos en la nariz.

A veces un exceso se acumula y forma un pequeño tapón que se retira con facilidad mediante un chorro de agua caliente, después de haber reblandecido con algún tratamiento breve el cerumen que forma la obstrucción.

Debe hacerse por personal especializado o con extremo cuidado porque se puede perforar el tímpano.

Estos tapones a veces se originan por una mala higiene, particularmente común en el mal uso de los «bastoncillos», con los que se produce un efecto «baqueta»... Recuerden cómo se cargaban los cañones antiguos.

¿Qué ocurre cuando es algo momentáneo?

Frecuente cuando hay cambios de presión: cuestas pronunciadas en carreteras, viajes en avión o buceo, por ejemplo.

Después del tímpano está lo que se llama el oído medio, en el que un conjunto de tres huesecillos (el martillo, el yunque y el estribo) pasan la vibración del tímpano al oído interno (al caracol) y de allí al nervio auditivo.

En la zona del oído medio hay un nuevo orificio que conecta con la laringe. A este conducto se le llama la trompa de Eustaquio. Su función consiste en regular la presión a ambos lados del tímpano.

Por esto, se aconseja tragar saliva o bostezar para igualar estas presiones (buceadores, con precaución...).

Una recomendación: si se va a producir una explosión o un ruido extremadamente fuerte cerca de uno, deja la boca abierta para que la onda de presión llegue por los dos lados al tímpano y así evitar que se rompa.

¿Cómo se produce la intoxicación por monóxido de carbono?, [65]

172. ¿Qué son las múltiples inteligencias y la inteligencia emocional?

El primer concepto se lo debemos a Gardner y el segundo a Goleman.

Ambos se refieren a una concepción más amplia de la inteligencia que la que se consideraba tradicionalmente.

Si consideramos la inteligencia como la capacidad de procesar determinados tipos de información, de natural surgirán los distintos tipos de inteligencia a partir de los distintos tipos de información que se procesan: matemática, verbal, corporal, espacial, musical, interpersonal, intrapersonal, naturalista y existencialista.

Algunos autores discuten el término y prefieren hablar de «talentos», discutiendo también la división (en la actualidad Gardner admite nueve).

Evitemos la discusión considerando simplemente que presentamos distintas capacidades para procesar distintos tipos de información y que pueden tomar valores distintos para un mismo individuo. Por ejemplo, podemos tener a una persona extremadamente hábil con las manos (un relojero), pero cuya habilidad para las matemáticas o las relaciones sociales sea mucho menor.

De estos conceptos se desea que surjan dos ideas:

Primero: no hay «listos» o «tontos», sino más o menos capaces en unos campos u otros. No ordenemos a la gente según el valor de su cociente intelectual.

Segundo: el éxito en la vida, una vida feliz, viene de un adecuado manejo y equilibrio de todas estas cualidades, particularmente en los aspectos de relación con los demás, autoconocimiento y entendimiento de la relación de uno con el mundo, «cuál es tu lugar».

¿Qué es un electroencefalograma?, [174]

173. ¿Qué es un semiconductor?

Es conocido que no todas las sustancias conducen la electricidad de igual manera.

Llamamos conductoras a las sustancias que lo hacen con facilidad, típicamente los metales.

Llamamos aislantes a las que lo hacen con notable dificultad, la mayoría de los plásticos, madera, etc.

Hay materiales cuyas propiedades son intermedias, presentando una resistencia media al paso de la corriente. Los más conocidos, el germanio y el silicio.

A estas sustancias se las llama semiconductores.

Si sólo por esto fuera, no pasaría de ser una curiosidad, pero el estudio y aplicaciones de estas sustancias han revolucionado la tecnología del siglo XX.

Son la base de un componente llamado «transistor», que a su vez es la base de la miniaturización que se ha producido en la electrónica durante todos estos años. Tanta fue la importancia de este componente que les valió un premio Nobel a sus inventores.

Son también la base del funcionamiento de los ordenadores, que han cambiado completamente la ciencia y la vida diaria.

Para el lector curioso digamos que este pequeñín transistor tiene dos principales modos de funcionar. Puede comportarse como un amplificador (de tamaño microscópico) y como un interruptor.

Es su funcionamiento como interruptor el que posibilita el impulso de la computación, ya que con sus dos estados (ON y OFF) se pueden implementar cálculos sencillos y combinarlos hasta una complejidad tan alta... que a veces nuestros ordenadores nos parecen inteligentes.

Por todo lo dicho, hoy en día, el silicio es el material del que están hechos nuestros sueños tecnológicos.

La ciencia vislumbra un futuro de ordenadores ópticos y cuánticos, pero hasta entonces seguiremos siendo fieles al silicio.

¿Qué es una medida indirecta?, [84]

174. ¿Qué es un electroencefalograma?

La actividad de nuestro cerebro es, fundamentalmente, eléctrica.

Corrientes eléctricas circulan por nuestras neuronas y van de aquí a allá por nuestro encéfalo.

Esas corrientes producen pequeños campos electromagnéticos en sus cercanías.

Esos campos pueden ser medidos con los instrumentos adecuados.

En la práctica se sitúan pequeñas ventosas con medidores en distintas partes de la cabeza.

Cada uno de ellos produce unos impulsos que pueden ser visualizados sobre una pantalla o sobre papel.

De la forma, frecuencia y otras características de las «ondas cerebrales» pueden extraerse patrones, funcionamiento, disfunciones, enfermedades, etcétera.

Uno de los ejemplos más populares de aplicación consiste en las llamadas «ondas alfa», «ondas beta», etcétera.

Cuando las personas están despiertas la frecuencia de las ondas cerebrales es mayor. Son las denominadas ondas beta.

En estados de sueño la frecuencia disminuye y se denominan ondas alfa, y en estados más profundos, ondas delta, etc.

Uno de los campos en los que se estudian este tipo de ondas es, evidentemente, en los trastornos del sueño.

También se ha observado que personas en estado de gran concentración, meditación, oración o similares pueden producir este tipo de ondas en estado consciente... Interesantísimo campo de estudio.

¿Somos secuenciales o paralelos?, [176]

175. ¿Qué son los alimentos ultracongelados?

Sabemos que la congelación es útil para conservar los alimentos porque hace más lento el proceso de putrefacción y ralentiza o detiene el metabolismo de los microorganismos, en ocasiones incluso destruyéndolos.

El problema de la congelación es que el agua contenida en los tejidos orgánicos al congelarse formará cristales que van a romper las membranas celulares, y la calidad del alimento disminuye. Muchas veces hemos visto cómo al freír un filete que estaba congelado comienza a soltar bastante agua y reduce su tamaño significativamente.

Si la congelación se hace muy rápidamente el tamaño de los cristales será mucho menor. Digamos que hemos «detenido» las moléculas de agua en la posición en la que estaban, sin permitir que se fuesen «colocando» y que formasen cristales grandes.

Este proceso de congelación a temperatura muy baja y llevado a cabo tan rápidamente es lo que se llama ultracongelación.

¿Qué son los extremófilos?, [167]

176. ¿Somos secuenciales o paralelos?

Centremos el problema.

El cerebro de cualquier persona (o animal) está formado por una red increíblemente entretejida de neuronas por las que circula información en todas direcciones. Así que somos paralelos.

Una persona común es capaz de ocuparse sólo de un pensamiento en cada momento. Así que somos secuenciales.

Pero, según leemos estas líneas, nuestro cuerpo se mantiene en funcionamiento mediante órdenes que provienen de nuestro cerebro, aunque muchas de ellas sean inconscientes. Así que somos paralelos.

Y, ¿qué hacemos con los músicos que tocan y cantan?...

Aunque si nuestro pensamiento consciente y secuencial surge de una estructura paralela...

Quizá esta pregunta no debería contar... porque no voy a terminar de contestarla... pero creo que la reflexión merece la pena.

¿Somos una estructura mental consciente secuencial que surge de una estructura física paralela, la cual al mismo tiempo se ocupa de otro montón de procesos...?

¿Quizá mañana tendremos acceso a una manera paralela de pensar?

¿Qué cosas, de las que no somos capaces de entender, comprenderemos?

¿Qué son las redes neuronales artificiales?, [158]

177. ¿Está vacío el vacío?

Por partes.
Vaciemos un volumen...
Sacamos los sólidos, líquidos, gases.
Sacamos todas las partículas que podemos...

Este proceso es siempre imperfecto, así que lo que llamamos vacío siempre está ocupado por materia, aunque con una densidad bajísima.

Por eso se habla de vacío, alto vacío, ultra alto vacío, etc., indicando que se ha hecho un esfuerzo mayor por disminuir la densidad de materia en ese lugar.

Incluso en el espacio hay una densidad de materia no nula.

Por otra parte, a la luz de la mecánica cuántica, creemos que el estado de mínima energía de un sistema no es el de energía cero.

Así que, en cualquier sistema, siempre hay algo de energía.

En el propio vacío... hay energía, lo que se llama «energía de punto cero».

Esta energía no es una imagen mental, es tan energía como otra cualquiera... susceptible de intercambiarse, e incluso, de transformarse en materia...

Por lo tanto, podríamos vernos en una situación en la que, de la «aparente nada», surgiera materia... Increíble.

¿Hay energía en el vacío?, [122]

178. ¿Cómo se mueven las estrellas en el cielo?

Casi ninguno de nosotros tenemos el tiempo o las ganas de quedarnos mirando al cielo hasta que apreciemos el movimiento de las estrellas. Pero miradas furtivas de cuando en cuando nos dicen que están cambiando su posición.

Aunque el movimiento es relativo, sabemos que la manera más sencilla de explicarlo es que las estrellas están más o menos fijas en el «fondo del cielo» y que nuestro planeta está girando (lo que también produce la noche y el día).

Como el movimiento de la tierra es circular, el movimiento aparente de las estrellas también es circular. Esto es en lo que quizá no reparamos. Las estrellas describen circunferencias en el cielo, algunas tan pequeñas que casi no se mueven durante toda la noche, otras tan grandes que «salen y se ponen» por el horizonte.

¿Cuál es el centro de este giro?

En el hemisferio norte, el centro coincide con la posición de la llamada Estrella Polar, que está aproximadamente sobre el Polo Norte. Esta luminaria casi no se mueve y se ha usado durante siglos para orientarse. En el hemisferio sur la estrella más próxima al Polo Sur se llama Sigma Octantis, pero no es fácil de ubicar.

Los aficionados a la fotografía pueden hacer el divertido ejercicio de dejar el obturador abierto durante un largo periodo de tiempo y verán cómo en la foto las estrellas se han convertido en arcos de circunferencia.

¿Qué es una constelación?, [131]

179. ¿Qué son los quilates?

Antes que nada hay dos «quilates».

Si nos hablan de un diamante o una joya de 3 quilates, por ejemplo, el quilate será una medida de masa, equivalente a 200 miligramos (un gramo serían cinco quilates).

Si nos hablan de oro o plata de 18 quilates, por ejemplo, en este caso ya no será una medida de masa, sino una proporción. Un índice de pureza. Para hacer esta proporción no se refieren al 100%, como se hace en otros casos, sino que se divide el total entre 24. De esta forma, oro de 18 quilates es una aleación que tiene 18 partes sobre 24 de oro (18/24, digamos un 75%). Oro de 24 quilates sería oro puro (24/24, un 100%).

¿Qué es el pH?, [92]

180. ¿Qué es el colesterol?

Es una molécula grasa que el cuerpo necesita en cierta concentración en la sangre.

El problema surge cuando la cantidad en sangre aumenta en gran medida, porque el exceso comienza a acumularse cerrando las arterias. Este efecto (arterioesclerosis) es una de las principales causas de la angina de pecho y el infarto de miocardio, demasiados tecnicismos… estamos hablando de morirse.

A veces se asocia el colesterol con la obesidad, pero no tiene que ser necesariamente así: basta con que haya una alimentación inadecuada en la que haya un exceso de frituras, grasas saturadas animales, etc. Una ocasión más para recomendar la llamada «dieta mediterránea», legumbres, verduras, pescados y por supuesto también carne, pero en las cantidades y con las preparaciones adecuadas.

También se ha detectado que la hipercolesterolemia tiene un factor hereditario, con lo que, si hay niveles altos en la familia, es una buena razón para hacerse un chequeo.

Se habla con frecuencia del «colesterol bueno» y el «colesterol malo». El primero es el HDL y el segundo el LDL. Se les llama bueno o malo porque estas moléculas son las que se encargan o bien de retirar colesterol de la sangre o bien de liberarlo al torrente sanguíneo. Por lo tanto una elevada concentración de HDL no resulta perjudicial.

Es sin duda un mal típico de países con alto grado de desarrollo, como la obesidad, pero un mal que mata. Vigilen su salud.

¿Qué es la diabetes?, [152]

181. ¿Cómo funcionan las cocinas de inducción?

Uno más de los aparatos que parecen mágicos.

Se trata de cocinas sobre las que puedes posar tu mano y están… ¡frías!, pero si pones el recipiente adecuado… se produce calor… sólo en el recipiente.

El secreto es la inducción electromagnética.

Es un hecho comprobado que las corrientes eléctricas pueden producir campos magnéticos y viceversa... porque en el fondo son formas de expresión de la misma realidad..., el campo electromagnético.

La cocina produce un campo magnético en su entorno y, al situar la olla en las cercanías, por el interior de la olla comienzan a circular corrientes eléctricas.

Es conocido que la corriente eléctrica puede producir calor (estufas eléctricas, bombillas incandescentes, etc.). Debido a este efecto (efecto Joule) la olla comienza a calentarse y calentará lo que se ponga en su interior.

Hay que recordar que la olla se calienta al calentarse el material del que está hecha, así que también quema por fuera.

Como ventajas podemos citar que la cocina siempre estará fría, más fácil de limpiar.

Como desventaja, el precio se incrementa y es necesario usar ollas y sartenes especiales.

Con respecto los campos magnéticos que genera, a los que también nos exponemos, los fabricantes y autoridades nos aseguran que por su intensidad y frecuencia resultan inocuos.

Para quitarle un poco de magia, podemos decir que el mismo principio actúa cuando las ondas de radio o televisión inducen corrientes en las antenas... Pasa todos los días.

¿Por qué nos quema el sol en la nieve?, [133]

182. ¿Hay animales limpiadores?

¿Qué es basura?

Para nosotros, basura es todo aquello en lo que no estamos interesados o bien materia orgánica que no nos resulta «apetecible».

Con respecto a la primera consideración, muchas veces hemos visto cómo algunas personas son capaces de sacar buen provecho de cosas que otras denominaban «chatarra».

Con respecto a la segunda, muchas veces hemos dado restos de nuestros alimentos a nuestras mascotas, o los hemos usado como abono.

Hay muchos animales que sufren de parásitos (incluso animales microscópicos con microscópicos parásitos), y están enormemente agradecidos si otros se los quitan «de encima».

Una común estampa africana es la de hipopótamos o rinocerontes con pájaros posados sobre su lomo. Si nos fijamos más, veremos que de vez en cuando les pican, aunque realmente lo que hacen es quitarles parásitos. Unos comen y otros se libran de parásitos, todos ganan. Esto es un tipo de asociación entre organismos que se llama simbiosis.

Hay otros organismos que se dedican a limpieza de dentaduras, etc. Parece increíble, pero echen un vistazo a sus documentales y verán cómo peces se meten en la boca de otros enormes y se dedican a comerse los restos que hay entre sus dientes... Sabemos que los dos sacan provecho, pero ¿cómo se le ocurrió al primero meterse allí? o ¿cómo se le ocurrió al otro no comérselo?

¿Las plantas se mueven?, [164]

183. ¿Se mueven los continentes?

Siendo más preciso... no son los continentes sino las placas de las que forman parte. La corteza de la Tierra (la parte más externa del planeta), aunque de roca sólida, está fragmentada en trozos que llamamos placas. Estas placas están flotando sobre la siguiente capa del planeta que llamamos manto, compuesta por roca fundida. Las placas se mueven sobre la roca fundida.

Este movimiento es muy lento y no nos resulta perceptible, pero lleva ocurriendo millones de años y suponemos que seguirá así otro tanto. Debido a esto la apariencia de la Tierra ha ido cambiando con el tiempo. Se piensa que hace 225 millones de años, toda la Tierra emergida estaba unida en un solo continente llamado Pangea. Este se fue dividiendo, algunas partes se han unido a otras, etc., y quizá en el futuro vuelvan todas a unirse de nuevo en una composición diferente. Apoyando estas teorías se han encontrado fósiles similares en lugares que ahora están muy alejados, pero que estuvieron unidos. Es difícil sustraerse a la idea de que América del Sur y África encajan como piezas de un puzzle...

Independientemente de esta visión a largo plazo, a corto plazo tenemos evidencias claras. Por ejemplo, sabemos que el continente americano se separa de Europa y África a razón de algunos centímetros al año.

¿Qué es la presión atmosférica?, [62]

184. ¿Se puede ser duro y frágil a la vez?

Muchas de las confusiones que tienen las personas con respecto a la ciencia son por el uso de un mismo término en el ámbito normal y en el científico con acepciones distintas.

Hoy nos encargamos del concepto de dureza.

Duro, desde el punto de vista de la ciencia, significa «difícil de rayar», y lo contrario de duro es blando: «fácil de rayar».

De esta forma es fácil saber si un material es más duro que otro. Intenta rayar uno con otro y el otro con el uno... El que gane es el más duro.

Con la uña puedes rayar muchos tipos de madera, pero no el metal. Por lo tanto, la madera es más blanda que tus uñas, y tus uñas más blandas que el metal.

Pero duro no es lo contrario de frágil...

Frágil, digamos, es... que le pegas un golpe y se rompe.

Supongo que habréis oído que el diamante es la sustancia más dura. Con un diamante podéis rayar (cortar) cualquier otro material.

No lo probéis... pero con un martillazo lo hacéis migas.

Así que el diamante es duro y frágil a la vez, lo cual no es contradictorio, porque duro y frágil no son contrarios.

De hecho es común que los tratamientos que se aplican a los materiales para aumentar su dureza tengan también como consecuencia un aumento de su fragilidad.

Las limas, que son muy duras (rayan metales), pueden ser rotas fácilmente con un buen golpe, a veces con una simple caída desde una mesa de trabajo.

Seguro que recordáis a aquellos reyes de película que rompían sus espadas, para que no cayeran en manos del enemigo, simplemente golpeándolas de plano (no de filo) contra su pierna, aunque sabemos que las espadas eran muy duras porque rayaban muy bien.

¿Qué son los quilates?, [179]

185. ¿Cómo se consigue una erección?

Espero que el lector valore positivamente el esfuerzo que hace uno para no insertar aquí algún comentario...

Yendo a lo que nos ocupa...

La erección del pene no se produce por la contracción de un músculo (¡como si fuera un brazo!), ni su dureza en algunos momentos está causada por la existencia de ningún hueso (no se rían..., se oye de todo...).

El cuerpo del pene está formado por lo que se llaman los cuerpos cavernosos y el cuerpo esponjoso.

Los cuerpos cavernosos se sitúan a lo largo del pene sobre el cuerpo esponjoso que circunda la uretra (conducto por el que salen la orina y el semen). Digamos que si hacemos un corte (ufff) veríamos un círculo grande con tres círculos dentro: dos arriba (cuerpos cavernosos) y uno abajo (cuerpo esponjoso), y en el centro del inferior la uretra.

Estos cuerpos cavernosos están formados por un tejido «agujereado» y lleno de cavidades comunicadas entre sí.

Ante un estímulo sexual, hay unos músculos que se relajan y permiten la entrada de sangre a estas cavidades.

De esta forma estos tejidos aumentan su tamaño y toman una consistencia más dura.

Con la resolución la sangre se libera y se cierra de nuevo el paso, y el pene vuelve a su estado de reposo.

¿Para qué vale la reproducción sexual?, [10]

186. ¿Qué es un electrocardiograma?

Nuestro corazón es un músculo que se contrae por partes cada cierto tiempo. Un adulto en reposo, entre 70 y 80 veces por minuto.

De la parte involuntaria de nuestro sistema nervioso provienen las «órdenes» que provocan estas contracciones.

Como en el resto de los músculos, estas órdenes son impulsos eléctricos que viajan por los nervios.

Estas corrientes eléctricas producen pequeños campos electromagnéticos en sus cercanías, que pueden ser medidos con los aparatos adecuados.

En la práctica nos ponen unas «ventosas» sobre la piel, cerca del corazón. En estas ventosas están los detectores. Otras veces un sencillo detector en uno de nuestros dedos.

Los impulsos se traducen a imágenes en una pantalla o bien a una línea sobre un papel.

La línea es constante y cada cierto tiempo se produce un pico intenso precedido y sucedido por algunos picos mucho menores.

Por la forma y altura de los distintos picos, un ojo experto puede identificar enfermedades y disfunciones muy variadas.

¿Cómo funcionan las cocinas de inducción?, [181]

187. ¿Por qué no sirven los antibióticos contra la gripe?

Igual batimos el récord de respuesta corta.

Los antibióticos atacan a las bacterias, pero la gripe está provocada por un... virus.

De hecho, tomar antibióticos sin necesidad puede llevar a producir cepas de bacterias resistentes... Nada deseable.

Hoy en día... para la gripe, tratamiento sintomático o bien vacunación preventiva, que hay que renovar cada año, no se olviden.

¿Somos un poco «cerdos»?, [55]

188. ¿Qué es un iceberg?

Un iceberg es una enorme masa de hielo que flota en el mar y se desplaza a la deriva. No deja de ser una curiosidad e incluso un medio de transporte para algunos animales.

El hielo flota, es cierto, pero no demasiado. Eso quiere decir que hay una parte del iceberg que está debajo del agua, en concreto el 90% aproximadamente.

Por esta razón, los icebergs que vemos ocultan realmente una enorme masa de hielo, nueve veces mayor que la que asoma a la superficie.

Para los marineros no es una curiosidad tan interesante, sino un verdadero peligro de colisión. En otros tiempos han hundido muchos barcos, como el famoso Titanic.

Hoy en día procuramos seguir la trayectoria de los mayores desde que se desprenden en las cercanías de los polos hasta que se funden en aguas más cálidas. Una de las consecuencias del calentamiento global sería la aparición de muchos más iceberg al irse fundiendo y resquebrajando los hielos polares.

¿Están bien los mapas?, [12]

189. ¿Qué es la fuerza centrífuga?

Vamos de pie en un autobús, el autobús comienza a girar y «algo» nos empuja hacia el lado exterior de la curva. A esa «fuerza» la llamamos fuerza centrífuga (huye del centro).

Si nos imaginamos que el autobús es transparente y vemos la imagen desde arriba, nos daremos cuenta de que, cuando tú sientes una fuerza hacia un lado, lo único que «intentas» hacer es seguir tu movimiento en línea recta (inercia). Es el autobús el que se te «echa encima».

Debido a esto, algunas personas dicen que estas fuerzas son «ficticias», que no tienen una realidad física, que no son causadas por ninguna interacción fundamental, etc. A esto se pueden contestar dos cosas, la primera más en broma: cuéntale al viajero que no son de verdad..., y la segunda más en serio: en el contexto de la relatividad de Einstein se puede hacer que las fuerzas gravitatorias sean realmente debidas a la curvatura del espacio y también tienen esa pinta de «fuerzas ficticias».

Resumiendo, la fuerza centrífuga es la fuerza que te hace el sistema cuando curva su trayectoria y, por la inercia, tú quieres seguir tu movimiento en línea recta.

¿Cómo cogen «efecto» los balones?, [72]

190. ¿Qué es el punto ciego?

Empecemos con un experimento.

En una hoja dibuja dos pequeños puntos a unos 5 cm de distancia.

Cierra uno de tus ojos y ve acercándote la hoja a los ojos, mientras miras uno de los puntos.

A cierta distancia el otro punto… desaparece.

Si juegas un poco verás que vuelve a aparecer cuando te alejas o acercas más del lugar en el que desapareció.

Resulta que nuestra retina tiene un problema: tiene un punto ciego, por el que no vemos.

Ese es el lugar en el que el nervio óptico se conecta a la retina y por eso no hay fotorreceptores allí.

En condiciones normales no lo percibimos porque sí que lo vemos con el otro ojo, o porque al estar en movimiento vamos cambiando la perspectiva, o bien porque nuestro propio cerebro tiene la costumbre de completar las imágenes (como nos enseñan las ilusiones ópticas).

¿De qué color son las cosas?, [77]

191. ¿Qué es una cortina de aire?

¿Cómo calefactamos un local cuya puerta está siempre abierta, por ejemplo un centro comercial?

Con dificultad… y con un montón de dinero…

Pero la gente no para de pensar... y ha ideado una solución: la cortina de aire.

Encima de la puerta se instala un aparato que sopla aire hacia abajo creando una «cortina» de aire.

Se gradúa la velocidad y la dirección para que llegue hasta el suelo y una pequeña parte vaya hacia el exterior y el resto hacia el interior.

De esta manera, tanto el aire exterior como el interior quedan fuera y dentro respectivamente.

La gente puede seguir entrando y saliendo y la «cortina» evita que el aire interior (frío en verano y caliente en invierno) escape o que el exterior penetre, con el consiguiente ahorro.

¿Qué son la solana y la umbría?, [44]

192. ¿Qué son los ácaros?

No sé si te gustará la pregunta, pero te puedo asegurar que terminarás rascándote...

Hay «bichos» grandes, como el elefante; más pequeños, como tú (disculpa); menores aún, como una mosca; y más pequeñines todavía, como las pulgas... Y los hay microscópicos.

Tu casa, por limpia que la tengas, está llena de «gente» (disculpa de nuevo)...

Estos microscópicos amiguitos viven en el aire, en el polvo, se alimentan de los «enormes trozos» (para ellos) de materia orgánica; escamas de piel muerta, pelos, etc. También los hay que son depredadores o se alimentan de plantas... Todo un mundo con sus propios problemas.

Busca en la red y hallarás imágenes al microscopio electrónico de los monstruos más fantásticos que hayas visto.

Aunque estos pequeñines se ocupan de sus asuntos y en algunos casos su influencia nos resulta beneficiosa (forman parte del ciclo de la materia del suelo, algunos depredan a otros personajillos que consideramos plagas), en otros casos producen efectos indeseables.

A veces ellos mismos resultan una plaga. Los hay parásitos (uno que me resulta particularmente antipático se instala en el folículo de las pestañas…) y lo más frecuente en nuestras vidas: nos dan alergia.

Las sustancias que nos provocan alergia se encuentran no sólo en nuestro amiguito, también en sus heces… A ver, ¿qué te creías? ¿Que iban al baño?

Estos artrópodos se encuentran cómodos en ambientes templados y húmedos…, por ejemplo tu colchón.

Si se da esta alergia se recomienda usar fundas de colchones especiales para ácaros, evitar la humedad excesiva y las posibles fuentes de polvo sobre todo en el dormitorio: peluches, alfombras, tapizados…, y una buena limpieza, pero siempre nos quedarán… ¡millones!... No puedo seguir escribiendo, me tengo que rascar.

¿Qué son las feromonas?, [110]

193. ¿Qué es el campo magnético de la Tierra?

La Tierra tiene un campo magnético (como si fuera un imán gigante). Esta es la razón por la que la aguja de las brújulas, un pequeño imán, apunta en la dirección norte-sur.

La situación de los polos magnéticos no coincide con la de los polos geográficos. La diferencia se denomina declinación magnética.

Este campo magnético no es muy intenso. Si así fuera, nos estaría quitando los objetos de metal de las manos, etc., pero cumple una función importantísima para el mantenimiento de la vida en la Tierra.

Las reacciones que ocurren en el Sol producen luz y calor, como ya notamos, pero hay también una gran cantidad de radiación y materia en estado de plasma que sale despedida en todas direcciones, lo que llamamos «viento solar».

Este plasma está formado por partículas cargadas y, por eso, estas resultan desviadas por el campo magnético terrestre. De esta forma, el campo magnético actúa como un escudo y nos mantiene a cubierto. Cuando hay periodos de mucha actividad solar, se producen picos de emisión que pueden afectar a los satélites y a las comunicaciones.

Es un hecho curioso observado en rocas magnéticas que este campo magnético cambia su orientación a lo largo del tiempo. Hoy en días tenemos el Polo Norte magnético (en realidad un polo sur) cerca del Polo Norte geográfico y viceversa.

La principal teoría sobre el origen del campo magnético terrestre apunta a que la parte fluida del núcleo terrestre (justo la anterior al núcleo interno sólido) está en movimiento y son las corrientes eléctricas que el movimiento produce las que generan el campo.

¿Qué son las fallas y los plegamientos?, [83]

194. ¿Hay puntos absolutos de referencia?

En nuestro universo hay cantidades y valores que constituyen puntos fijos de referencia, por ejemplo:

La velocidad de la luz, que tiene un cierto valor fijo, referencia para la rapidez.

La constante de Planck, referencia para la escala (macroscópica o microscópica).

El cero absoluto (más caliente o más frío).

Podríamos preguntarnos por qué tienen el valor que tienen, por qué no es la velocidad de la luz un poco más rápida o más lenta.

La ciencia no tiene respuesta para esto. Simplemente valen lo que valen. Sólo podemos medirlos. Además sus valores influyen notablemente en el comportamiento del universo en el que vivimos.

De hecho, la ciencia nos devolvería alguna pregunta más:

¿Por qué la gravedad es tan poco intensa?

¿Por qué la atracción eléctrica lo es tanto?

Y un enorme etcétera, que tiene que ver con un montón de constantes que sabemos que existen. Las medimos y no podemos decir más.

Aunque, en realidad, sí que podemos decir algo más… Si estos valores no tuvieran ciertas relaciones entre ellos, es posible que ni siquiera la materia pudiera darse y que no os estuvierais haciendo estas preguntas ni yo estuviese respondiéndolas.

Esto puede haceros pensar que «alguien» ha elegido con mucho cuidado estos valores o que de todos los universos posibles sólo han quedado los estables, de los cuales por el momento sólo percibimos este.

¿Qué es la constante de Planck?, [127]

195. ¿Es lo mismo impotente y estéril?

No nos confundamos…

Impotencia se refiere a la imposibilidad de conseguir una erección suficiente y puede estar motivada por muy diversos factores: la edad, físicos (enfermedades), psicológicos, etcétera.

También puede que esta incapacidad sea algo puntual debida a una gran ingesta de alcohol, drogas, o a situaciones de estrés.

Por quién sabe qué motivos (quizá puramente culturales) los varones tenemos la costumbre de medir nuestra masculinidad en centímetros, y darnos casi por muertos si sufrimos de impotencia.

Por un lado, acudan a su médico, puesto que en muchísimos casos puede solventarse de forma sencilla, e incluso en los muy difíciles... En otra pregunta se habla de prótesis.

La esterilidad se refiere a la imposibilidad de tener hijos, lo cual también puede deberse a muchísimos factores, por ejemplo: espermatozoides defectuosos (genéticamente, por movilidad, etc.) o demasiado escasos. Si este es el caso, de nuevo un médico debe actuar, a veces con técnicas no muy complejas, como la selección de espermatozoides o la fecundación *in vitro*, otras veces con técnicas de mayor complejidad.

Naturalmente, para algunos casos la cura no será posible, pero siempre nos queda la adopción. Hay miles de niños sin padres y miles de padres sin niños... Búsquense.

¿Qué es la herencia asociada al sexo?, [69]

196. La magia del tornillo

Otro gran invento menospreciado.

Este es otro de los aparatos que viola el falso «principio de conservación de la fuerza» que la persona media atesora en su cabeza. Algo así como: «Imposible, el peso de 30 kg es la máxima fuerza que puedo hacer».

Falso, falso, falso..., hay maneras de «acumular» esa fuerza.

Lo que se conserva es la energía. Para nuestro caso, el producto de la fuerza por la distancia. De esta forma podemos multiplicar nuestra fuerza si hacemos menor la distancia que avanzamos.

¿Cómo introducimos un tornillo en un tablero?

Nuestra mano produce una fuerza no muy grande y gira una distancia bastante apreciable. En cambio, el tornillo avanza hacia adentro una distancia muy pequeña…, pero es capaz de atravesar la madera.

Lo que ha ocurrido es que el tornillo ha multiplicado la fuerza que transmite. Si queréis hacer las cuentas, la fuerza aumenta en la misma proporción en que disminuye la distancia recorrida.

Se llama «paso» de un tornillo a la distancia que avanza por cada vuelta. Con lo visto, a menor paso, mayor fuerza de avance tendrá el tornillo.

Este mismo principio se aplica a cualquier rosca. Los gatos que usamos para levantar nuestro coche al cambiar una rueda también se basan en el mismo principio de la rosca. Recordad la cantidad de vueltas que debéis dar a la manivela y la poca altura a la que levantamos el coche. Recordad también que con una mano habéis levantado un objeto de unos 1.000 kg.

A algunos les gusta ilustrar esta idea con la imagen del plano inclinado.

Todos hemos experimentado que es muy fácil desplazar un peso a cierta altura si lo hacemos por una rampa, y que será más fácil cuanto menor sea la inclinación de la rampa. La contrapartida es que hay que recorrer mucha más distancia…, igual que el tornillo: muchas vueltas y poco avance (en el plano, mucha distancia recorrida y poca altura avanzada).

Hay gente a la que le gusta decir que el filete («la rosca») de un tornillo es un plano inclinado colocado alrededor de un clavo. Quizá para el lector sea una imagen útil.

Desde el punto de vista fundamental nos agarramos fuertemente a los principios básicos: la conservación de la energía. En nuestro caso, «fuerza por distancia constante». ¡Reduzca la fuerza que tiene que hacer, dando un «rodeo»!

¿Cómo funciona una prensa hidráulica?, [24]

197. ¿Qué son los fuegos fatuos?

Debido a la descomposición de la materia orgánica se obtiene metano, por ejemplo a partir del metabolismo de las bacterias del suelo.

Este metano es un gas inflamable (la misma molécula del gas natural) y en vertederos, pantanos, cementerios puede ir acumulándose bajo el suelo.

Cuando encuentra la forma de salir puede inflamarse mostrando unas llamas temblorosas y que se mueven a ras del suelo con el viento... ocasionando el pánico y estimulando la imaginación de montones de personas a lo largo de la historia. Imagina... luces en un cementerio que se mueven, y supongo que parecerá que hacia ti...

Normalmente esta combustión se hace a no muy alta temperatura y ni siquiera quema la hierba del suelo, lo que parece más fantasmagórico aún.

También puede producirse un brillo tenue debido a la fosforescencia de la materia orgánica que se está descomponiendo, las sales de calcio de los huesos, el propio fósforo... En fin, todo un espectáculo.

¿Qué es la bioluminiscencia?, [94]

198. ¿Qué son los eclipses lunares?

Podemos ver la Luna gracias a que el Sol la ilumina y nosotros vemos la luz que se refleja en su superficie. Hay veces que la Luna comienza a ser «tapada» por un disco oscuro y sobreviene un eclipse de Luna.

El Sol, la Luna y nosotros... Si la Luna refleja la luz que le llega, y el Sol es el que emite la luz, pues sólo queda que seamos nosotros los que hagamos esa sombra. Veamos cómo puede ser eso.

Como la Luna gira alrededor de la Tierra, desde el punto de vista de la Luna, la Tierra pasa entre ella y el Sol y luego por detrás y de nuevo por delante. Cuando la situación sea tal que la Tierra «tape» la luz que desde el Sol estaba iluminando la Luna diremos que tenemos un eclipse lunar.

¿Aviones en la Luna?, [7]

199. ¿Qué son los indicadores del pH?

Los indicadores son sustancias que cambian su color según el pH del medio en el que se encuentren.

En el caso del papel de tornasol (habitualmente usado para medir la acetona en la orina), basta con introducirlo y la parte mojada tomará un color que, comparado con una escala, nos dará el valor del pH.

En otros casos, como en el de la fenolftaleína (un líquido incoloro), se añaden algunas gotas y será suficiente para que toda la sustancia cambie de color según su pH.

El valor de pH que hace que cambie el color se llama «punto de viraje», aunque es más frecuentemente un pequeño rango más que un valor exacto.

No todos los indicadores viran según sea ácido o básico el medio. Puede ser que viren sólo cuando el medio es muy básico, por ejemplo.

Usando distintos indicadores podemos ir acotando el pH de una disolución según viren o no, unos y otros.

Un indicador curioso y fácil de obtener es el agua de cocer lombarda... Sí, yo también me reí cuando me lo dijeron. Además se da la feliz circunstancia de que vira en medio ácido y en medio básico.

Si eres joven, es mucho más seguro y divertido si lo haces con tus padres, hermanos mayores u otro adulto, porque usaremos agua hirviendo y sustancias que pueden producir quemaduras, como la lejía.

Corta un cuarto de lombarda en trozos pequeños o usa unas cuantas hojas, cuanto más oscuras mejor.

Cúbrelas con agua hirviendo. Recordamos que mejor si se hace en compañía de un adulto.

Déjalas reposar un cuarto de hora.

Filtra la mezcla, y ya tienes tu indicador.

Para usarlo tienes dos opciones.

Echa un poco en varios vasos y añade sustancias de distinta acidez. Verás cómo cambia el color (tienes ejemplos caseros en la pregunta del pH, cuidado con todos ellos porque son tóxicos).

Moja tiras de papel en tu indicador y déjalas secar. Más tarde podrás introducirlo en distintas sustancias y verás cómo los trozos de papel cambian de color.

Los tonos tenderán al rojo en medio ácido, al azul en disoluciones neutras y al verde en básicas.

¿Por qué se corta la mayonesa?, [111]

200. La imprenta. ¿La gran revolución?

Es algo tan sencillo como generar un relieve, «mancharlo» con algún tipo de tinte o pintura y después presionarlo sobre papeles generando la misma imagen un gran número de veces.

Siendo tan fácil, es normal que se haya descubierto que mucho antes de Gutemberg ya se hiciera. La verdadera revolución consistió en los tipos móviles (letras en relieve separadas), de manera que con un juego de tipos se pueda componer cualquier texto que se desee.

Algunos investigadores discuten si realmente el invento se debe a Gutemberg, pero centrémonos en cómo afectó a nuestra civilización.

La imprenta constituye la popularización del conocimiento. Antes de esto los libros debían ser copiados página por página y palabra por palabra... Aprovechamos para dar las gracias a los abnegados copistas que nos han hecho llegar los textos desde la antigüedad.

En este escenario, los estudiosos debían viajar cientos de kilómetros para poder leer la obra de tal o cual autor, porque sólo había unas pocas copias dispersas por el planeta.

También debido a esta escasez de ejemplares, tenemos noticias de muchas obras que han desaparecido... ¡para siempre!, obras de Aristóteles, Platón..., una tragedia.

Uno de estos trágicos momentos en la historia de la cultura fue el incendio de la Biblioteca de Alejandría, en la que se guardaba la mayor parte del saber de la época. A cualquiera que ame la cultura, la ciencia o el conocimiento... se le saltan las lágrimas sólo de recordarlo.

Hoy en día, sin ir más lejos, de este mismo libro que leéis se hacen miles de copias. Resulta casi imposible hacerlo desaparecer completamente de la faz de la Tierra (gracias a Dios).

Es a partir de la imprenta cuando los libros se extienden por la tierra, y, la verdad, esto nos hace más libres.

Hoy en día vivimos una segunda revolución, aunque quizá pase desapercibida para muchos. Se trata de Internet. Esta gran red de datos populariza mucho más la información y en particular la información de alto nivel de especialización (investigación universitaria, etc.), que hace unos años debía pedirse casi «por encargo» y a la que hoy cualquiera puede acceder desde su casa... desde Madrid o Nueva York, pero también desde Nairobi o Ulan Bator.

¿Qué es el caucho?, [74]

201. ¿Se puede morir de sed en el mar?

Quizá sea una de las muertes más irónicas, pero la deshidratación mata a los náufragos, si no lo hace antes el oleaje.

La sal es la clave. El contenido de sal del agua de mar es bastante alto, en cualquier caso mayor que el de los fluidos que queremos reemplazar bebiendo.

Cuando este líquido con más concentración (hipertónico) que el del interior de nuestras células contacta con su membrana, produce el siguiente efecto: la membrana permite un pequeño flujo de líquido a su través (semipermeabilidad), y fluye de manera que se igualen las concentraciones dentro y fuera. Así que... el líquido abandonará nuestras células... y puede que estas mueran «arrugadas».

De la misma manera, no podemos tampoco beber orina (que seguro que lo estaban pensando...) porque también es un líquido hipertónico.

El caso contrario tampoco es muy beneficioso, beber agua destilada. Esta agua tiene un contenido en sales casi nulo, por lo que nuestras células absorberán líquido intentando igualar su concentración interna a la externa... y puede que mueran «reventando».

Un truco de supervivencia para reducir el contenido en sales de un líquido hipertónico (orina o agua de mar) consiste en evaporarlo y condensarlo de nuevo, como si lo destilásemos. Explicaremos el método para beber nuestra orina en el desierto.

Haces un agujero en el suelo. No hace falta que sea muy profundo pero sí ancho.

Pones en el centro un vaso vacío y en un extremo un vaso con orina o incluso nada.

Tapas el agujero con un plástico y le pones una piedra encima para que el plástico forme como un cono apuntando hacia abajo (donde estará el vaso vacío).

El calor del sol irá evaporando el agua de la orina o simplemente la propia humedad del aire hará que, al contacto con el plástico, se condense como rocío y vaya goteando por el interior del plástico hacia el vaso que pusimos en el centro.

Dicen que se puede conseguir en torno a un vaso de agua al día (sin usar el vaso de orina), cosa nada despreciable en determinadas circunstancias.

¿Qué son los huracanes?, [26]

202. ¿Por qué hay una cara oculta de la Luna?

Desde cualquier parte de la Tierra si se mira la Luna se ven las mismas estructuras y cráteres.

Esto significa que la Luna siempre nos ofrece la misma «cara».

Primero diremos cómo ocurre este fenómeno y después cuál es la razón.

Para ver cómo sucede hagamos un juego.

Pon una pelota (o mejor a una persona) en medio de la habitación (la Tierra) y tú (la Luna) darás vueltas a su alrededor.

Ponte a girar alrededor de la Tierra de manera que no gires alrededor de ti mismo (mantente mirando todo el rato a la puerta de la habitación).

Ahora pregunta a tu compañero (o a la pelota) si te ha visto por todos lados o solamente por una cara. Fíjate mientras lo haces. En los distintos momentos estás ofreciendo a «la Tierra» una parte distinta de ti.

Probemos otra manera, da vueltas a «la Tierra» de manera que siempre estés mirándola. Fíjate en que para poder hacer esto estás también girando alrededor de ti mismo (respecto de la habitación). Fíjate además en que al dar una vuelta alrededor de «la Tierra» has tenido que dar también una vuelta alrededor de ti mismo.

Esto es lo que le ocurre a la Luna: tiene dos movimientos, uno en torno a sí misma y otro en torno a la Tierra. Al realizar los dos movimientos a la misma velocidad, siempre nos ofrece la misma «cara» quedando la otra oculta.

Podríamos pensar que es una rara casualidad, pero nada más lejos de la realidad: la mayoría de los satélites de nuestro sistema solar sufren este mismo efecto. Se dice que están «desgirados». Debe haber entonces una razón para ello.

Como ya se conoce, la atracción gravitatoria de la Luna es la que produce las mareas en la Tierra. De forma similar, la Tierra produce estas fuerzas deformadoras sobre la Luna que, al ser sólida, padece fricciones internas que disipan energía.

Esta pérdida de energía va frenando la velocidad de rotación de manera que se acompase a la de traslación.

Este efecto también se produce sobre la Tierra. Con el tiempo suficiente ofrecerá solamente una cara a la Luna y esta no será visible más que desde cierto hemisferio. Recientes mediciones corroboran este hecho al indicar que el día se alarga algunas fracciones de segundo al día.

Ya sabemos que la atracción gravitatoria de la Luna produce una deformación de los océanos de manera que quedan como un «balón de rugby» apuntando hacia el satélite. Según gira la Luna la deformación también va «pasando» por toda la Tierra. Veamos ahora la acción de la Tierra sobre la Luna.

La atracción de la Tierra también produciría una deformación en el satélite, pero como la Luna no tiene océanos provocaría «mareas» en su corteza sólida.

Según giraba la Luna en el pasado, esta «marea sólida» iba pasando por toda la corteza produciendo fricciones internas que iban «gastando» (disipando) energía. Esto ha hecho que la velocidad de giro de la Luna se fuera adecuando a la de giro de la Tierra, de forma que la deformación de la Luna, la marea, quedara fija. Ahora la Luna tiene forma de balón de rugby «estirado» hacia la Tierra, y mantiene esa orientación mientras gira alrededor de nosotros.

En la corteza sólida de la Tierra también se produce este efecto debido a la atracción lunar, por lo que también nuestro planeta tiene tendencia a frenar su rotación y a mantener fija la deformación apuntando hacia nuestro satélite. Se ha comprobado que la Tierra va frenando su rotación y que el día es unas fracciones de segundo más largo cada anochecer. Si este proceso se diese durante el tiempo suficiente (no ocurrirá, nos «iremos» antes), los dos astros acabarían con una deformación fija (como dos balones de rugby) apuntando el uno hacia el otro, y girando sin «dejar de mirarse». Sólo se vería una cara de la Luna desde la Tierra (como ahora), pero también sólo se podría ver la Luna desde una cara de la Tierra.

¿Qué son las fases de la Luna?, [78]

ÍNDICE TEMÁTICO

LA TIERRA

    5. ¿Por qué no se gasta el agua?
  11. ¿Por qué titilan las estrellas?
  20. ¿Qué es un eclipse solar?
  26. ¿Qué son los huracanes?
  32. ¿Cómo funcionan los pozos y manantiales?
  38. ¿Qué son los husos horarios?
  44. ¿Qué son la solana y la umbría?
  52. ¿Qué son los *tsunamis*?
  62. ¿Qué es la presión atmosférica?
  70. ¿Qué son las auroras boreales?
  76. ¿Aterrizar en Saturno?
  78. ¿Qué son las fases de la Luna?
  83. ¿Qué son las fallas y los plegamientos?
  88. ¿Qué son las aguas subterráneas?
  95. ¿Qué es el nivel freático?
100. ¿Qué son las estalactitas y las estalagmitas?
105. ¿Qué son la latitud y la longitud?
116. ¿Por qué hay fósiles marinos en el Himalaya?
121. ¿Qué son las térmicas?
126. ¿Cómo es el interior de la Tierra?
131. ¿Qué es una constelación?
136. ¿Qué son los terremotos?

143. ¿Por qué el mar está salado?
150. ¿Qué es «arriba» y qué «abajo»?
155. ¿Cuál es el origen de la Luna?
168. ¿Qué es la escala de Richter?
178. ¿Cómo se mueven las estrellas en el cielo?
183. ¿Se mueven los continentes?
188. ¿Qué es un iceberg?
193. ¿Qué es el campo magnético de la Tierra?
198. ¿Qué son los eclipses lunares?

EL CUERPO HUMANO

2. ¿Por qué no se debe sacar un puñal clavado?
8. ¿Por qué se riza el pelo con la humedad?
14. ¿Cómo mantenemos el equilibrio?
19. ¿Qué es el corte de digestión?
23. ¿Para que sirven los mocos?
29. De noche, ¿todos los gatos son pardos?
35. ¿Cuánto tardamos en morirnos?
41. ¿Qué es el ATP?
47. ¿Por qué hay piedras en el riñón?
51. ¿Qué es una traqueotomía?
55. ¿Somos un poco «cerdos»?
57. ¿Qué es el grado de alcoholemia?
65. ¿Cómo se produce la intoxicación por monóxido de carbono?
68. ¿Qué son los propioceptores?
73. ¿Qué es la placenta?
80. ¿Qué es la maniobra de Heimlich?
85. ¿Qué son los puntos de presión arterial?
90. ¿Qué es el síndrome de Down?
93. ¿Cómo se hace el masaje cardiaco?
97. ¿Otro «calor humano»?
102. ¿Qué es la fontanela?
107. ¿Cómo son las prótesis hidráulicas de pene?
112. ¿Qué es el efecto placebo?

115. ¿Qué pasa si nos rompemos la columna?
118. ¿Qué son los primeros auxilios?
123. ¿Qué es «romper aguas»?
128. ¿Cómo hacer la respiración artificial?
133. ¿Por qué nos quema el sol en la nieve?
138. ¿Qué es el tiempo de reacción?
142. ¿Qué es la alergia?
145. ¿Qué son las lentes intraoculares?
148. ¿Qué es una hernia?
152. ¿Qué es la diabetes?
157. ¿Por qué roncamos?
165. ¿Qué es la catalepsia?
172. ¿Cómo son las múltiples inteligencias y la inteligencia emocional?
176. ¿Somos secuenciales o paralelos?
180. ¿Qué es el colesterol?
185. ¿Cómo se consigue una erección?
190. ¿Qué es el punto ciego?
195. ¿Es lo mismo impotente o estéril?
201. ¿Se puede morir de sed en el mar?

BIOLOGÍA

4. ¿Para qué vale el martillo del pez martillo?
10. ¿Para qué vale la reproducción sexual?
17. ¿Qué es un nicho ecológico?
25. ¿Qué son las encimas?
31. ¿Cuál es el origen del petroleo?
37. ¿Qué hace el escarabajo pelotero con esa bola de...?
43. ¿Les vuelve a crecer el rabo a las lagartijas?
49. ¿Qué es la selección natural?
59. ¿Cómo respiran los peces?
61. ¿Cómo medir la edad de un árbol?
69. ¿Qué es la herencia asociada al sexo?
75. ¿Qué es una especie invasora?
82. ¿Por qué los animales se lamen las heridas?

87. ¿Usan herramientas los animales?
94. ¿Qué es la bioluminiscencia?
99. ¿Qué es un fósil?
104. ¿Existe la posesión demoniaca en los caracoles?
110. ¿Qué son las feromonas?
113. ¿Para que sirve la bolsa de los canguros?
120. ¿Estamos enfadando a las bacterias?
125. ¿Lo normal? Diferencias y parecidos
130. ¿Qué es la penicilina?
135. ¿Qué hacen los osos en invierno?
140. ¿Qué son los genes dominantes y los genes recesivos?
149. ¿Por qué jadean los perros?
154. ¿Quién les ha dado chicle a las vacas?
159. ¿Para qué vale la joroba del camello?
163. ¿El mejor hilo del mundo? La tela de araña
164. ¿Las plantas se mueven?
167. ¿Qué son los extremófilos?
171. ¿Cómo se taponan los oídos?
175. ¿Qué son los alimentos ultracongelados?
182. ¿Hay animales limpiadores?
187. ¿Por qué no sirven los antibióticos contra la gripe?
192. ¿Qué son los ácaros?
197. ¿Qué son los fuegos fatuos?

Física y química

1. ¿Por qué la nieve es blanca?
7. ¿Aviones en la Luna?
13. ¿Qué es la navaja de Ockham?
15. ¿Por qué aumenta la presión bajo el agua?
18. ¿Qué es la escala de dureza de Mohs?
22. ¿Qué son las G's?
28. ¿Podemos adelgazar viajando a la Luna?
34. ¿Por qué se oscurece la plata?
40. ¿Qué es la paradoja de los gemelos?

46. ¿Qué es la tabla periódica?
50. ¿Por qué las chispas de las bengalas no queman?
54. ¿Cómo viven las estrellas?
58. ¿La «rara» definición del trabajo en la Física?
60. ¿Son las órbitas circulares?
64. ¿Qué es el Fuego de San Telmo?
67. ¿Por qué las pompas y burbujas son redondas?
72. ¿Cómo cogen «efecto» los balones?
77. ¿De qué color son las cosas?
79. ¿Puede el agua «cocer» de repente?
84. ¿Qué es una medida indirecta?
89. ¿Qué significa $E = mc^2$?
92. ¿Qué es el pH?
96. ¿Qué pasa si partimos un imán?
101. ¿Qué es la Vía Láctea?
106. ¿Cómo aceleran su giro los patinadores?
109. ¿Qué es elástico o plástico?
111. ¿Por qué se corta la mayonesa?
114. ¿Qué es el gato de Schrödinger?
117. ¿Qué son los trajes anti-G?
122. ¿Hay energía en el vacío?
127. ¿Qué es la constante de Planck?
132. ¿Qué es un hecho científico?
137. ¿Por qué algunos líquidos suben solos?
141. ¿Qué es la quiralidad?
144. ¿Qué es la materia oscura?
147. ¿Por qué llevan tacos las botas de fútbol?
151. ¿Se mueve la luz en línea recta?
156. ¿Qué es la corrosión?
160. ¿Qué es una supernova?
162. ¿Qué es la curvatura del espacio?
166. ¿Qué es el método científico?
170. ¿Qué son las series radiactivas?
173. ¿Qué es un semiconductor?
177. ¿Está vacío el vacío?
179. ¿Qué son los quilates?

184. ¿Se puede ser duro y frágil a la vez?
189. ¿Qué es la fuerza centrífuga?
194. ¿Hay puntos absolutos de referencia?
199. ¿Qué son los indicadores del pH?
202. ¿Por qué hay una cara oculta de la Luna?

TECNOLOGÍA

3. ¿Por qué el pegamento no se pega cuando el bote está cerrado?
16. ¿Qué es un kilovatiohora?
30. ¿Qué es la tarifa nocturna?
42. ¿Cómo funciona la fibra óptica?
56. ¿Cuánto dura la información en los medios de registro?
74. ¿Qué es el caucho?
81. ¿Qué es la nanotecnología?
86. ¿Qué es el látex?
98. ¿Cómo funcionan los adhesivos de dos componentes?
103. ¿Qué haces ante un escape de gas?
158. ¿Qué son las redes neuronales artificiales?
200. La imprenta. ¿La gran revolución?

«APARATOS»

9. ¿Por qué ahorran las lámparas de alto rendimiento?
24. ¿Cómo funciona una prensa hidráulica?
36. ¿Qué es un diferencial?
48. ¿Qué es el velcro?
66. ¿Qué son los tejidos sintéticos?
91. ¿Qué es un escáner médico?
108. ¿Por qué se rompen los vasos en mil pedazos?
119. ¿Cómo funcionan las pantallas de cristal líquido?
124. ¿Mejor o Peor?
129. ¿Qué es el suelo radiante?
134. ¿Por qué las antenas parabólicas son parabólicas?

139. ¿Qué es una resonancia magnética?
146. ¿Qué es el láser?
153. ¿Qué es la endoscopia?
161. ¿Cómo funciona un pararrayos?
169. ¿Qué es el hormigón armado?
174. ¿Qué es un electroencefalograma?
181. ¿Cómo funcionan las cocinas de inducción?
186. ¿Qué es un electrocardiograma?
191. ¿Qué es una cortina de aire?
196. La magia del tornillo

MATEMÁTICAS

6. ¿Qué es el teorema del «medio pollo»?
12. ¿Están bien los mapas?
21. ¿Tienen memoria las monedas?
27. ¿Qué es la probabilidad condicionada?
33. ¿Qué es la campana de Gauss?
39. ¿Qué son los percentiles?
45. ¿Qué son los decibelios?
53. ¿Son justas las votaciones?
63. ¿Cómo se usan los números primos en criptografía?
71. ¿Qué es el NIF?

ÍNDICE ANALÍTICO

[La numeración corresponde a la pregunta, no a la página]

Ácaros 192
Ácido **92,** 199
Adaptación 124
ADN 125
Agua 5, 32, 88
Agua, ciclo del 5
Aguas subterráneas 32, **88,** 95, 100
Agujero negro 160
Ahorro energético 9, 129, 191
Alcoholemia 57
Alergia 192, 142
Anillos anuales 61
Animales limpiadores 182
Animales, uso de herramientas 87
Ánodo de sacrificio 156
Antenas parabólicas 134
Antibióticos 187
Antibióticos, resistencia a los **120,** 130, 187
Apnea 157
Árboles, edad de los 61
Arterioesclerosis 180
Asfixia 51, 80, 128

Atmósfera 7, 11, 62, 70, 72, 121, 161
ATP 41
Auroras boreales 70
Aviones 7, 22, 117
Bacterias 120, 130, 187
Básico 92, 199
Bengalas 50
Bioluminiscencia 94
Blando 18, 184
Botas de fútbol 147
Branquias 59
Burbujas 67
Butano 103
Cálculos renales 47
Calor 50
Calor, emisión corporal de 97
Cambios de estado 79
Camello 159
Campana de Gauss 33
Canales semicirculares 14
Canguros 113
Capilaridad 137
Caracoles 104
Catalepsia 165
Catalizadores biológicos 25
Cataratas 145
Caucho 74
CD 56
Centrífuga, fuerza 189
Cerdo, implantes de 55
Cocinas de inducción 181
Coherencia 146
Colesterol 180
Color 77
Columna vertebral 115
Comunicaciones 42

Cónicas **60,** 134
Constantes universales 127, **194**
Constelaciones 131
Continentes 183
Corazón 186
Corrosión 34, **156**
Corteza 126
Cortinas de aire 191
CRC 71
Criptografía 63
Cristal líquido, pantallas de 119
Cuántica, mecánica 114, 122, 127, 177
Cuerpos cavernosos 185
Cuevas 100
Curvatura del espacio 162
Daltonismo 69
Decibelios 45
Descompresión 15
Desviación típica 6
Diabetes 152
Diferencial 36
Digestión, corte de 19
Direcciones privilegiadas 150
Dispersión de la luz 1
Distribución normal 33
Duro 18, 184
Ecología 17, 75
Efecto, tiros con 72
Elástico 109
Elecciones 53
Electricidad 9, 16, 30, 64, 161
Electrocardiograma 186
Electrocución **36,** 161
Electroencefalograma 174
Elipses 60
Emulsión 111

Enana blanca 160
Enana negra 160
Endoscopia 42, 153
Energía 16
Energía en los seres vivos 41
Energía y masa 89
Enzimas 25
Epoxi, resinas 98
Escáner 91
Escarabajo pelotero 37
Especies invasoras 17, 75
Estadística 6, 27, 33, 39
Estalactitas 100
Estalagmitas 100
Esterilidad 195
Estrellas 11, 101, 131, 144, 160
Estrellas, movimiento de las 178
Estrellas, vida de las 54, 160
Evolución 10, **49,** 167,182
Extremófilos 167
Factorización 63
Fallas 83
Feromonas 110
Fibra óptica **42,** 153
Fibras sintéticas 163, **66**
Fontanela 102
Fósil 31, **99,** 116
Fototropismos 164
Frágil 184
Fuego de San Telmo 64
Fuegos fatuos 197
Fuerza, multiplicación de la 24, 196
G **22,** 117
Galaxia 101
Gas, escapes de 103
Genes dominantes y genes recesivos 140

Genética 69, 90, 140
Geotropismos 164
Gigante roja 160
Gigantes gaseosos 76
Giros 106
Gripe 187
Hechos científicos 132
Heimlich, maniobra de 80
Hemofilia 69
Herencia 69
Heridas 2, 51, **85**
Hernias 148
Hevea 86
Hibernación 135
Hidrocución 19
Hidrotropismos 164
Hipertónicos, líquidos 201
Hipótesis 166
Hipotónicos, líquidos 201
Hormigón armado 169
Huracán 26
Husos horarios 38
Iceberg 188
Imagen médica 91, 139, 153
Imanes 96
Impotencia 195
Imprenta 200
Indicadores 199
Inducción electromagnética 181
Inercia 189
Información, popularización de la 200
Inspiración biológica 48, 158
Inteligencia emocional 172
Inteligencias múltiples 172
Joroba 159
Kilovatiohora 16

Lagartija 43
Lamer las heridas 82
Lámparas de alto rendimiento 9
Láser 146
Látex 74, **86**
Latitud 105
LCD 119
Lentes intraoculares 145
Líquido amniótico 123
Logarítmica, escala 45
Lombarda 199
Longitud **105,** 38
Luna 20, 78, 155, 198, 28, 202
Luna, eclipse de 198
Luna, fases de la 78
Luna, origen de la 155
Luz 151
Luz, velocidad de la 194
Magnetismo 96
Magnus, efecto 72
Manantiales 32, 88, 95
Manto 126
Mapas 12
Mar 143
Mareas, fuerza de las 202
Marsupiales 113
Masa y curvatura del espacio 162
Masa y energía 89
Masa y peso 28
Masaje cardiaco 93
Materia orgánica, aprovechamiento de la 37
Materia oscura 144
Mayonesa 111
Media 6
Medidas indirectas 84
Medios de registro, duración de los 56

Metano 103
Método científico 132, **166**
Miniaturización 81, 173
Mocos 23
Mohs, escala de 18
Momento de inercia 106
Monóxido de carbono, intoxicación por 65
Muerte **35,** 165, 201
Mutaciones 49
Nanotecnología 81
Nervio óptico 190
Nicho ecológico **17,** 75
Nieve 1, 133
NIF 71
Nivel freático 95
Normalidad 125
Núcleo 126
Números primos 63
Números, Ley de los grandes 21
Ockham, navaja de 13
Oídos taponados 171
Órbitas 60
Órganos, regeneración de 43
Osos 135
Osos polares 1
Papel de tornasol 199
Parábolas 134
Paradoja de los gemelos 40
Paraplejia 115
Parásitos, influencia en el sistema nervioso de los 104
Paro cardiaco 93
Parto 123
Pascal, Principio de 24
Peces, respiración de los 59
Pegamentos 3, 98
Pelo rizado con la humedad 8

Pene 195
Pene, erección del 185
Pene, prótesis de 107
Penicilina 130
Penicilium notatum 130
Pensamiento secuencial y pensamiento paralelo 158, 176
Pentaplejia 115
Percentiles 39
Perros, jadeo de los 149
Peso y masa 28
Petróleo, origen del 31
Pez martillo 4
pH **92**, 199
Piedras en el riñón 47
Placas tectónicas 52, 116, 136, **183**
Placebo, efecto 112
Placenta 73
Planck, constante de **127**, 194
Plantas 164
Plasticidad 109
Plásticos 74
Plata, oscurecimiento de la 34
Plegamientos 83
Polímeros 74, 98
Polvo 192
Pompas 67
Pozos **32**, 95
Prensa hidráulica 24
Preservativos 86
Presión 147
Presión atmosférica 62
Presión bajo el agua 15
Primeros auxilios 80, 85, 93, **118**, 128
Principio de economía 13
Principio de incertidumbre 177
Probabilidad **21**, 27

Probabilidad condicionada 27
Propano 103
Propioceptores 68
Proyecciones 12
Punto ciego 190
Puntos de presión arterial 85
Quemaduras solares 133
Quilates 179
Quimiotropismos 164
Quiralidad 141
Radiación estimulada 146
Radiactividad 170
Rayos 64, **161**
Redes neuronales artificiales 158
Redundancia 71
Reflexión total 42
Refracción 42, **151**
Relatividad 40, 89, 162
Religión y Ciencia 132
Rendimiento 9, 129, 191
Reproducción sexual **10,** 69, 110
Resonancia magnética 139
Respiración 2
Respiración artificial 128
Richter, escala de 168
RMN 139
Romper aguas 123
Ronquido 157
Rumiantes 154
Sal, mar salado 143
Saliva, sustancias bactericidas 82
Satélites desgirados 202
Saturno 76
Schrödinger, gato de 114
Sed 201
Selección natural 49

Semiconductores 173
Sentido del equilibrio 14
Series radiactivas 170
Simetría 141
Síndrome de Down 90
Sobrecalentados, líquidos 79
Sol 20
Solana 44
Sonido 45
Subenfriados, líquidos 79
Suelo radiante 129
Supernova **54**, 160
Tabla periódica 46
Tactismos 164
Tarifa noctura 30
Tejidos sintéticos 66
Tela de araña 163
Tensión superficial 67, 137
Tensiones internas 108
Teorías científicas 166
Térmicas 121
Terremotos 52, 74, **136, 168**
Tetraplejia 115
Tiempo de reacción 138
Tierra, campo magnético de la 193
Tierra, interior de la 126
Tigmotropismos 164
Tímpano 171
Tornillo 196
Trabajo 58
Trajes anti-G 22, **117**
Transistores 173
Transpiración 149
Traqueotomía 51
Trompa de Eustaquio 171
Tropismos 164

Tsunamis 52
Ultracongelados 175
Umbría 44
Uranio 170
Vacío 122, **177**
Vacío, energía del 122
Vegetarianos 154
Velcro 48
Velocidad de la luz 40
Vestíbulo, oído 14
Vía Láctea 101
Viento solar 193
Virus 120, 125, **187**
Visión nocturna 29
Vista 29, 77
Votación, sistemas de 53

**Si deseas realizar cualquier consulta o sugerencia,
o conocer la respuesta de nuevas preguntas,
te invitamos a escribir al autor a**

javierfpanadero@yahoo.com

twitter.com/#!/javierfpanadero

o consultar su blog

lacienciaparatodos.wordpress.com/

Esta séptima edición de
¿Por qué la nieve es blanca?,
de Javier Fernández Panadero,
se terminó de imprimir el 30 de enero de 2022